教育部高等学校软件工程专业教学指导委员会
软件工程专业推荐教材
高等学校软件工程专业系列教材

增强现实技术与应用
——华为AR Engine从入门到精通

郭诗辉 郭泽金 林俊聪 李腾跃 ◎ 编著

清华大学出版社
北京

内 容 简 介

本书作为《增强现实技术与应用》配套实践用书，着重以 HUAWEI AR Engine 为框架，介绍在手持移动平台(智能手机、平板电脑)开发一套增强现实系统。该系统的功能包括客户端、服务器端，同时在客户端包括环境跟踪、运动跟踪、人体跟踪等对真实环境的感知能力。全书围绕一个互动类游戏项目开发的主线。读者完成本书学习后，应可以独立完成一个基本的 AR Engine 增强现实应用。

本书共 9 章，主要内容有增强现实技术简介、软件架构、服务器搭建、客户端开发环境配置、环境跟踪、运动跟踪、人体和人脸跟踪、完整应用集成、进阶篇。

本书适合作为高等学校计算机科学与技术、软件工程、数字媒体技术等专业高年级本科生、研究生的教材，同时可供希望对增强现实、虚拟现实等增进了解的开发人员、广大科技工作者和研究人员参考。

本书封面贴有清华大学出版社防伪标签，无标签者不得销售。
版权所有，侵权必究。举报: 010-62782989, beiqinquan@tup.tsinghua.edu.cn。

图书在版编目(CIP)数据

增强现实技术与应用: 华为 AR Engine 从入门到精通/郭诗辉等编著. —北京: 清华大学出版社，2021.11
高等学校软件工程专业系列教材
ISBN 978-7-302-59074-3

Ⅰ. ①增… Ⅱ. ①郭… Ⅲ. ①虚拟现实—高等学校—教材 Ⅳ. ①TP391.98

中国版本图书馆 CIP 数据核字(2021)第 177526 号

责任编辑: 黄　芝　薛　阳
封面设计: 刘　键
责任校对: 刘玉霞
责任印制: 朱雨萌

出版发行: 清华大学出版社
　　　网　　址: http://www.tup.com.cn, http://www.wqbook.com
　　　地　　址: 北京清华大学学研大厦 A 座　　邮　　编: 100084
　　　社 总 机: 010-62770175　　　　　　　　　邮　　购: 010-83470235
　　　投稿与读者服务: 010-62776969, c-service@tup.tsinghua.edu.cn
　　　质量反馈: 010-62772015, zhiliang@tup.tsinghua.edu.cn
　　　课件下载: http://www.tup.com.cn, 010-83470236
印 装 者: 三河市科茂嘉荣印务有限公司
经　　销: 全国新华书店
开　　本: 185mm×260mm　　印　　张: 8.25　　字　　数: 148 千字
版　　次: 2021 年 11 月第 1 版　　　　　　　印　　次: 2021 年 11 月第 1 次印刷
印　　数: 1~1500
定　　价: 29.80 元

产品编号: 090716-01

序

　　增强现实将虚拟对象叠加在真实世界之上,用户借助必要的视觉装置,可以同时看到虚拟世界和真实世界,并与虚拟对象进行交互。增强现实是新一代信息技术的代表,应用空间大、产业潜力大、技术跨度大。作为研究领域,增强现实已经存在了大半个世纪,厚积薄发,近几年取得快速发展。谷歌、微软等公司推出了头戴式眼镜,手机端增强现实游戏"精灵宝可梦"风靡全球,增强现实图书、增强现实文旅展示、增强现实课堂不断涌现,一种全新的沉浸式大众消费领域正在形成;增强现实在装备制造、医疗健康、智慧城市、电子商务等领域的应用崭露头角,逐步形成新的业态和服务模式。在可以预见的未来,增强现实技术将全面融入人们的生产、生活,使人们的生产更高效、生活更精彩。

　　增强现实技术研发和产业化的快速发展,对人才培养提出了迫切需求。许多高校开设了虚拟现实/增强现实课程,设立了虚拟现实/增强现实专业,但是目前增强现实技术方面的优质教材相对稀缺,这两本教材的出版恰逢其时。这两本教材是厦门大学和北京航空航天大学科研团队,联合华为增强现实引擎开发团队在增强现实领域科技创新和系统研发经验积累的基础上,经过多年教学实践的倾心之作。这两本教材的作者郭诗辉、潘俊君等青年学者都在增强现实、虚拟现实领域长期从事教学科研工作,在国际顶级会议期刊发表了一批高水平论文,且长期教授相关专业本科生课程。

　　这两本教材分别为理论教材和实践教材。理论教材系统介绍了增强现实技术的基础理论和近年来的学术前沿进展;实践教材基于 HUAWEI AR Engine 系统,帮助读者动手实现自己的第一个增强现实应用。华为作为我国虚拟现实/增强现实领域的顶级企业之一,推出的 VR Glass 和 AR Engine 都是标杆之作,有力地推动了这个行业的发展。相信读者在学习了这两本教材以后,一定能够为研发优质增强现实应用系统奠定良好基础,或者对增强现实研究方向产生兴趣,进一步学习、深造,投身其研究,为这一新兴技术的进步和产业生态的发展贡献自己的才智。

2021 年 6 月

前　言

本书及其理论册《增强现实技术与应用》是"教育部高等学校软件工程专业教学指导委员会软件工程专业推荐教材"。编写过程中兼顾研究型和应用型高校人才培养的需要，本着循序渐进、理论联系实际的原则，内容以适量、实用为度，注重理论知识的运用，着重培养学生利用增强现实技术实现下一代人机交互界面的能力。本书力求叙述简练、概念清晰，通俗易懂，便于自学。对于所涉及的技术方法力求全面，且提供详尽的参考资料供读者深入学习，是一本体系创新、内容深浅适度、重在应用、着重能力培养的本科教材。

全书共分为9章：第1章简单介绍增强现实技术和 HUAWEI AR Engine 的基本情况。第2~4章讨论一个典型的增强现实系统如何搭建软件架构，包含客户端、服务器端的开发环境配置和关键技术。第5~7章讨论增强现实系统中最核心的三大功能，包括环境跟踪、运动跟踪和人体人脸跟踪，本书以 HUAWEI AR Engine 为具体框架，通过代码分析提高可实践性。第8章讨论了将前述章节中的所有模块集中于一个大项目，并最终完整实现该互动类游戏。第9章对学有余力的读者介绍了部分高级内容，作为进阶篇供读者深入了解。但受限于篇幅，第9章的代码仅提供核心部分。

本书所涉及的代码可通过扫描下方二维码来下载。

范例代码

本书可作为高等学校计算机科学与技术、软件工程、数字媒体技术等相关专业的本科生教材，也可作为成人教育及自学考试用教材，或作为增强现实从业人员的参考用书。

本书第1～4章由郭诗辉编写，第5、6、7、9章由华为公司郭泽金、李腾跃提供素材并编辑审校，第8章主要由林俊聪编写。全书由郭诗辉担任主编，完成全书的修改及统稿。本书在编写过程中得到厦门大学信息学院和华为公司的大力支持，在此表示衷心的感谢。

本书部分内容引用了国内外同行专家的研究成果，在此表示诚挚的谢意。感谢清华大学出版社编辑在本书出版中所付出的辛勤劳动。感谢在本书撰写过程中，参与讨论并提出宝贵意见的张莹莹、张浩、王贺、莫运能、张梦晗、邓清珊、郭振宇、林勇、邹文进、张培、袁飞飞、马家威、张国荣、殷佳欣、张文洋、边超、杨子建等。

由于编者水平有限，书中不当之处在所难免，欢迎广大同行和读者批评指正。

郭诗辉

2021年6月

目 录

第 1 章 简介 ... 1

1.1 增强现实简介 ... 1
1.2 增强现实技术发展趋势 ... 5
    1.2.1 增强现实的兴起原因 ... 5
    1.2.2 增强现实关键技术趋势 ... 6
1.3 HUAWEI AR Engine 介绍 ... 7
1.4 HUAWEI AR Engine 生态 ... 8
1.5 案例解析 ... 9
小结 ... 11
习题 ... 11

第 2 章 软件架构 ... 12

2.1 应用架构介绍 ... 12
2.2 数字资产和交互方式 ... 14
2.3 HUAWEI AR Engine 架构 ... 15
2.4 典型 AR 应用架构 ... 16
2.5 示例应用架构 ... 17
小结 ... 19
习题 ... 19

第 3 章 服务器搭建 ... 20

3.1 服务器功能简介 ... 20
3.2 安装 Python 和 Django ... 21

3.3 "排行榜"Web 服务器搭建 ……………………………………………… 23

小结 …………………………………………………………………………… 29

习题 …………………………………………………………………………… 30

第 4 章 客户端开发环境配置 …………………………………………………… 31

4.1 客户端功能简介 ……………………………………………………………… 31

4.2 安装 JDK、IDE 及 Android SDK ……………………………………………… 32

4.3 开发环境配置 ………………………………………………………………… 33

    4.3.1 开发准备 ……………………………………………………………… 33

    4.3.2 接入 AR Engine SDK ………………………………………………… 35

    4.3.3 Demo 介绍 …………………………………………………………… 36

小结 …………………………………………………………………………… 39

习题 …………………………………………………………………………… 39

第 5 章 环境跟踪 ………………………………………………………………… 40

5.1 简介 …………………………………………………………………………… 40

    5.1.1 物体识别 ……………………………………………………………… 40

    5.1.2 图像分割 ……………………………………………………………… 43

5.2 HUAWEI AR Engine 中的环境跟踪 ………………………………………… 46

5.3 环境跟踪关键 API …………………………………………………………… 47

    5.3.1 关键类 ………………………………………………………………… 47

    5.3.2 ARSession …………………………………………………………… 48

    5.3.3 ARConfigBase ……………………………………………………… 49

    5.3.4 ARFrame …………………………………………………………… 50

5.4 示例程序 ……………………………………………………………………… 50

小结 …………………………………………………………………………… 57

习题 …………………………………………………………………………… 57

第 6 章 运动跟踪 ………………………………………………………………… 58

6.1 简介 …………………………………………………………………………… 58

    6.1.1 SLAM ………………………………………………………………… 59

  6.1.2 常见的 SLAM 系统介绍 ……………………………………………… 59

 6.2 HUAWEI AR Engine 中的运动跟踪 …………………………………………… 61

 6.3 运动跟踪关键 API …………………………………………………………… 62

  6.3.1 关键类 …………………………………………………………………… 62

  6.3.2 ARAnchor ……………………………………………………………… 62

  6.3.3 ARHitResult …………………………………………………………… 63

  6.3.4 ARPose ………………………………………………………………… 64

 6.4 示例程序 ……………………………………………………………………… 65

 小结 ……………………………………………………………………………… 70

 习题 ……………………………………………………………………………… 70

第 7 章　人体和人脸跟踪 …………………………………………………………… 71

 7.1 简介 …………………………………………………………………………… 71

  7.1.1 人体姿态跟踪 ………………………………………………………… 72

  7.1.2 手部跟踪 ……………………………………………………………… 74

  7.1.3 人脸跟踪 ……………………………………………………………… 76

 7.2 HUAWEI AR Engine 中的人体和人脸跟踪 …………………………………… 77

 7.3 人体和人脸跟踪关键 API …………………………………………………… 79

  7.3.1 关键类 ………………………………………………………………… 79

  7.3.2 ARBody ………………………………………………………………… 79

  7.3.3 ARFace ………………………………………………………………… 80

  7.3.4 ARHand ………………………………………………………………… 81

 7.4 示例程序 ……………………………………………………………………… 81

 小结 ……………………………………………………………………………… 85

 习题 ……………………………………………………………………………… 85

第 8 章　完整应用集成 ……………………………………………………………… 86

 8.1 简介 …………………………………………………………………………… 86

 8.2 运行时的 UI 及逻辑 ………………………………………………………… 86

 8.3 结算界面 ……………………………………………………………………… 90

  8.3.1 结算界面 UI 部分 …………………………………………………… 91

	8.3.2 结算界面逻辑部分	94
小结		98
习题		99

第 9 章 进阶篇 … 100

9.1	应用开发流程及上架	100
9.2	华为 3D 内容设计开发流程	103
9.3	XRKit	104
	9.3.1 XRKit 的开发流程与特性依赖	105
	9.3.2 XRKit 关键 API 总览	105
9.4	Reality Studio	106
	9.4.1 下载安装 Reality Studio	106
	9.4.2 使用指南	107
9.5	进阶案例一：人像添加饰品	109
	9.5.1 案例介绍	109
	9.5.2 关键 API	110
	9.5.3 核心代码	111
9.6	进阶案例二：人像背景替换	112
	9.6.1 案例介绍	112
	9.6.2 关键 API	112
	9.6.3 核心代码	113
小结		115
习题		116

参考文献 … 117

附录 A … 118

第 1 章　简　介

1.1　增强现实简介

增强现实（Augmented Reality，AR）将虚拟对象叠加在现实世界之上，允许用户同时看到虚拟世界和现实世界，可以与虚拟对象进行交互。目的是通过虚拟对象将重要内容三维可视化，向用户提供真实世界中不存在、难感知、易忽略的信息，增强用户对真实世界的理解能力。增强现实最核心的特征是真实与虚拟内容的叠加。

增强现实技术的发展最早可以追溯到 1957 年电影摄影师 Morton Heilig 开发的多通道仿真体验系统 Sensorama（如图 1.1(a)所示），该系统能够提供图像显示、微风拂面、气味扑鼻，以及发动机的声音和震动等多种感官刺激，向用户提供虚拟的摩托车骑行体验。但该系统更接近的是虚拟现实，而非增强现实。接着在 1968 年，美国哈佛

(a) 多通道虚拟现实系统 Sensorama

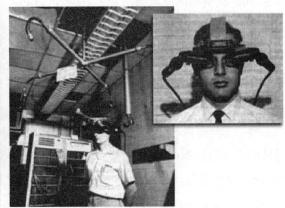
(b) 增强现实头盔 "达摩克斯之剑"

图 1.1　早期的增强现实发展历程

大学教授研发的达摩克斯之剑(The Sword of Damocles)系统(如图1.1(b)所示)第一次将佩戴增强现实头盔的体验带给世人。该系统使用了光学透视头戴式显示器，允许用户在真实世界中看到叠加的虚拟物体。该系统也首次使用了六个自由度的追踪仪，允许用户在真实世界内小范围移动、转动头部等。受限于当时计算机的处理能力，该系统只能实时显示简单的线框图形，但这在当时已经是创新之举。1990年，波音公司研究员Tom Caudell在美国达拉斯召开的SIGGRAPH会议上，明确提出了增强现实这个概念。三十多年来，伴随光学硬件和计算机图形学算法的进步，增强现实技术有了长足发展。增强现实技术的发展大致分为三个阶段，如图1.2所示。

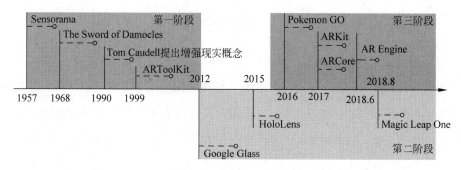

图1.2 增强现实发展进程

第一个阶段是以研究人员自研的增强系统为平台进行的一系列尝试，这个阶段有很多成功的尝试案例。1992年，美国空军Lois Rosenberg和哥伦比亚大学Steven Feiner等分别提出了两个早期的增强现实原型系统：Virtual Fixtures虚拟帮助系统和Karma机械师修理帮助系统。1994年，Julie Martin设计了世界上第一个增强现实戏剧作品Dancing in Cyberspace。其中，舞者作为现实存在，与舞台上的虚拟内容进行交互。1999年，第一个增强现实开源框架ARToolKit发布。ARToolKit的出现使得增强现实技术不仅局限于专业的研究机构中，也为之后商业化的增强现实硬件提供了功能和框架的参考。

第二个阶段是从2012年谷歌推出了Google Glass开始。这个设备通过头戴式微型显示器将内容投影于用户眼前，具备语音输入输出、视频图像采集等功能，搭载Android操作系统。这些功能和配置第一次让增强现实技术走进主流开发者和大众消费者。自Google Glass发布以来，AR行业受到资本市场的广泛关注。随后，微软也发布了AR头戴式显示器HoloLens。2016年，AR领域最著名的创业公司Magic Leap，获得一轮7.935亿美元的C轮融资，并于2018年发布首款产品Magic Leap

One。增强现实硬件产品在国内也是方兴未艾,自主品牌悉见等均发布了增强现实眼镜或者头盔。但受限于若干硬件因素,包括重量体积不易携带、计算能力有限、电池续航与发热、对近视人群不适配等原因,开发者没有找到合适的产品路线,大众消费者也未能真正体验到一个爆款的增强现实应用。但在面向企业用户和专业领域的场景下,增强现实技术已经获得了越来越多的实际应用。

第三个阶段从 2016 年任天堂公司发布了一款基于手机平台的增强现实游戏 Pokemon GO 开始。这是一款宠物养成和对战游戏,玩家捕捉现实世界中出现的宠物小精灵,进行培养、交换以及战斗。数据显示,这款游戏只用了 63 天在全球就赚了 5 亿美元,成为史上赚钱速度最快的手机游戏。这款游戏的巨大成功让业界意识到,最好的增强现实平台不是看似高大上的 Google Glass 等产品,而是大家人手一部的智能手机。2017 年,苹果公司在它的全球开发者大会上推出了面向苹果移动平台的增强现实引擎 ARKit。谷歌也针对 Android 平台发布了 ARCore。同时,华为也发布了自研的增强现实引擎 AR Engine。这三个引擎都提供了简单易用的开发接口,具有追踪、场景理解、渲染等功能,允许开发者快速开发面向手机和平板电脑的增强现实应用。自此,基于手机和平板电脑硬件平台的增强现实技术得到广泛应用,大量开发者加入其中,应用数量也急剧增加,一场盛宴徐徐拉开序幕。

现阶段增强现实主要有两种硬件形态。一是以手持式智能设备(包括手机、平板电脑)为主的形态。基于这种形态开发的 AR 应用包括 Pokemon GO、"一起来捉妖"等移动端游戏。这种形态的优势在于终端数量庞大,便于触达用户。一种是以头戴式显示器/眼镜为主的形态,这类形态设备又可以分为无须绑定主机的一体式 AR 眼镜,如 Google Glass、微软 HoloLens 等,以及需要与智能手机、平板电脑或 PC 主机绑定的分体式 AR 眼镜,如 Magic Leap、Nreal 等厂商推出的产品。

伴随增强现实的硬件得到广泛应用,各大公司或推出自己的软件平台,或支持主流的软件平台。软件平台的制定主要是面向开发人员,便于其快速开发应用。在专业级别的增强现实硬件还未得到广泛应用之前,各大厂商目前布局的主要是面向手机和平板电脑的软件应用平台,包括苹果在 2017 年发布的 ARKit、谷歌在 2017 年发布的 ARCore、华为在 2018 年发布的 AR Engine 等。

增强现实不同于虚拟现实,它更注重于现实,所以它在很多行业都有应用。在游戏领域,Pokemon GO(如图 1.3(a)所示)的全球下载量已经超过 10 亿次,总收入预计达到 26.5 亿美元,每月的活跃用户超过 1.47 亿,并获得最佳 AR 游戏、年度手机游戏等多项大奖。在教育领域,美国俄亥俄州的凯斯西储大学(Case Western Reserve

University)与克利夫兰诊所(Cleveland Clinic)合作,基于 HoloLens 联合开发了一款应用 HoloAnatomy(全息解剖)。学生可以通过该应用(如图 1.3(b)所示)全方位地看到虚拟人形的骨骼、血管、神经、肌肉、器官等重要的医学解剖结构。此外,学生可以前后左右以任意角度观察研究,还可以通过手势和语音添加肌肉。在建筑领域,著名家居品牌 IKEA 在 2017 年发布了一款 AR 家具虚拟布局应用 IKEA Place(如图 1.3(c)所示),该应用允许用户直观地查看选中的家具在公寓、办公室或者家中实际的摆放效果,省去了像测量尺寸、室内颜色搭配等烦琐的步骤。IKEA Place 内置超过 2000 个数字渲染的沙发、咖啡桌和扶手椅等家具,可以让用户充分发挥想象力,设计自己的空间。同时,IKEA Place 允许用户根据房间尺寸调整 3D 模型的大小,精确度能达到 98%。在广告领域,Artvertiser(如图 1-3(d)所示)是由 Julian Oliver 于 2008 年 2 月发起,并与 Damian Stewart 和 Arturo Castro 合作开发的用以将广告牌替换为艺术品的 AR 软件平台。经过训练的 Artvertiser 软件可以识别单个广告,每个广告都变成

(a) 增强现实游戏Pokemon Go

(b) 增强现实应用HoloAnatomy

(c) 增强现实应用IKEA Place

(d) 增强现实应用Artvertiser

图 1.3　增强现实在各领域的应用

一个虚拟的"画布",艺术家可以在其上展示图像或视频。训练后,只要广告暴露在设备上,就会显示所选的图片。广告是在建筑物上、在杂志上还是在车辆侧面都没有关系。如果站点上存在互联网连接,则可以立即记录替换并在 Flickr 和 YouTube 等在线画廊中发布,以提供城市的替代记忆。除了上述领域之外,增强现实还在医疗、语言、旅游、交通、工业等领域有许多应用,具有很大的发展前景。

1.2 增强现实技术发展趋势

作为一个具有较长历史但实际刚刚新兴的产业,增强现实技术与产业的发展轨道尚未完全定型。从关键技术上看,以近眼显示、渲染处理、感知交互、网络传输、内容制作为主的技术体系正在形成。

增强现实终端由单一向多元、由分立向融合方向演变。按终端形态划分,手机成为现阶段主要终端平台。手机式 AR 渐成大众市场的主流,以 HoloLens 为代表的主机式、一体式 AR 主导行业应用市场。此外,在自动驾驶与车联网发展浪潮的影响下,基于抬头显示的车载式 AR 成为新兴领域,隐形眼镜这一前瞻性产品形态代表了业界对 AR 设计的最终预期。

1.2.1 增强现实的兴起原因

增强现实近年来成为业内热点,主要原因有三个方面,包括硬件门槛显著降低、资本关注日益提升与国家政策重点支持。

(1) 硬件门槛显著降低。随着集成电路行业的发展,硬件成本大幅降低。这一成本变化主要体现在光电子与微电子方面。例如在微电子方面,低成本的 SOC 芯片与 VPU(视觉处理器)的普及成为增强现实在集成电路领域发展的热点。

(2) 资本关注日益提升。2014 年,Facebook 以 20 亿美元收购 Oculus,释放重大产业信号;2018 年,Magic Leap 宣布已筹集了 4.6 亿美元资金。此外还有包括谷歌、苹果、微软等公司纷纷投入重金进行产品研发和市场推广。在 Pokemon GO 游戏风靡世界之后,资本市场对增强现实游戏领域的关注度又进一步提高。

(3) 国家政策重点支持。美国政府早在 20 世纪 90 年代即将虚拟现实作为《国家信息基础设施(NII)计划》的重点支持领域之一。在我国,虚拟现实/增强现实技术已被列入"十三五"信息化规划、中国制造2025、互联网＋等多项国家重大文件中，工业与信息化部、发展和改革委员会、科学技术部、文化部、商务部等均已出台相关政策。

1.2.2　增强现实关键技术趋势

增强现实涉及多技术领域，需要多学科技术融合才能提供良好的用户体验。在中国信息通信研究院和华为技术有限公司共同发布的《虚拟（增强）现实白皮书》中，尝试针对虚拟/增强现实的发展特性，首次提出"五横两纵"的技术体系及其划分依据，如图1.4所示。"五横"是指近眼显示、感知交互、网络传输、渲染处理与内容制作五大技术领域。"两纵"是指支撑虚拟/增强现实发展的关键器件/设备与内容开发工具与平台。

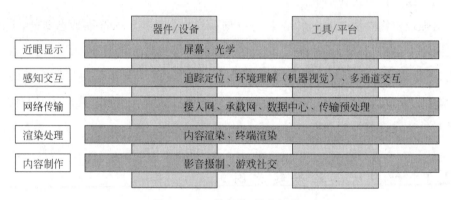

图1.4　"五横两纵"技术架构

（1）广视场角（Field of View，FOV）显示成为提升AR近眼显示沉浸感的核心技术。AR强调与现实环境的人机交互，由于显示信息多为基于真实场景的提示性、补充性内容，现阶段AR显示技术以广视场角等高交互性（而非高分辨率等画质提升）为首要发展方向。然而，目前国内外代表产品在一定体积与重量的约束条件下，FOV大多仅停留在20°～40°水平。因此，在初步解决硅上有机发光显示OLEDoS等屏幕或硅基液晶LCOS等微投影技术后，提高FOV等AR视觉交互性能成为业界的发展趋势。相比扩展光栅宽度的传统技术路线，波导与光场显示等新兴光学系统设计技术成为谷歌、微软等领军企业的核心技术突破方向。

（2）感知交互技术聚焦追踪定位、环境理解与多通道交互等热点领域。其中，追踪定位是一切感知交互的先决条件，只有确定了现实位置与虚拟位置的映射关系，方才进行后续诸多交互动作。在 AR 应用的早期,绝大部分 AR 引擎通过如 ARToolkit 等有明确边缘信息和规则的几何形状的标识点来进行特征匹配和识别。未来的 AR 技术中,环境理解呈现由有标识点识别向无标识点识别的场景分割与重建的方向发展。此外,提升用户各感官通道的一致性与沉浸式体验成为感知交互领域的重点发展趋势。浸入式声场、眼球追踪、触觉反馈、语音交互等交互技术成为增强现实刚性需求的趋势愈发明显。

(3) 网络传输技术呈现大带宽、低时延、高容量、多业务隔离的发展趋势。5G 的超大带宽、超低时延及超强移动性确保虚拟现实/增强现实完全沉浸体验,虚拟现实/增强现实将成为 5G 早期商用的重点应用领域。同时,增强现实也对网络建设方面提出了新的要求,架构简化、智能管道、按需组播、网络隔离成为增强现实承载网络技术的发展趋势。此外,投影、编码与传输技术成为优化网络性能的重要方向。

(4) 渲染处理技术双轨并行:优化渲染算法与提升渲染能力。一方面,渲染优化算法聚焦增强现实内容渲染的"节流",即基于视觉特性、头动交互与深度学习,减少无效计算与渲染负载,降低渲染时延。主要技术路径包括注视点渲染(Foveated Rendering)和多视角(Multi-View)渲染。另一方面,渲染能力的提升表现在云端渲染、新一代图形接口、异构计算、光场渲染等领域。例如,云渲染技术将大量计算放到云端,消费者可在轻量级的虚拟现实终端上获得高质量的 3D 渲染效果,终端可从较高硬件性能要求上解放出来。

(5) 内容制作瞄准企业级别市场,消费者市场重点投入游戏领域。谷歌和微软等企业在尝试消费者市场后,都将自己的头戴式显示设备定位于领域性强的企业级别市场,例如工业维修、教育、医疗等。手持式智能终端直接面向普通消费者,则受到游戏行业的重点关注。此外,增强现实内容制作现在仍然很大程度上依赖于传统的移动端 3D 开发工具,在后续发展中仍需对开发引擎、网络传输、SDK/API 等进行深度优化,乃至重新设计研发。

1.3　HUAWEI AR Engine 介绍

HUAWEI AR Engine 是华为在 2018 年开发者大会上发布的可商业化"大规模部署"的 AR SDK,它是一个用于在 Android 上构建增强现实应用的平台。HUAWEI AR Engine 是华为打造的 AR 核心算法引擎,提供了运动跟踪、环境跟踪、人体和人脸跟踪等 AR 基础能力,通过这些能力可让应用实现虚拟世界与现实世界的融合,为应用提供全新的视觉体验和交互方式。

  HUAWEI AR Engine 通过整合模组、芯片、算法和 EMUI 系统,采用硬件加速,提供效果更好、功耗更低的增强现实能力,同时基于华为设备的独特硬件,在基础的 SLAM 定位和环境理解能力外,还提供手势、肢体识别交互能力。从本质上讲,HUAWEI AR Engine 在做两件事:在手机移动时跟踪它的位置和姿态,并构建自己对现实世界的理解。目前 HUAWEI AR Engine 提供了三大类能力,包括运动跟踪、环境跟踪、人体和人脸跟踪。

  HUAWEI AR Engine 运动跟踪与环境跟踪能力的基础是不断跟踪终端设备的位置和姿态,以及不断改进对现实世界的理解。HUAWEI AR Engine 主要通过终端设备摄像头标识特征点,并跟踪这些特征点的移动变化,同时将这些点的移动变化与终端设备惯性传感器结合,来不断跟踪终端设备位置和姿态。HUAWEI AR Engine 在标识特征点的同时会识别平面(如地面或墙壁等),同时可估测平面周围的光照强度。HUAWEI AR Engine 凭借这些能力可很好地理解现实世界,并为用户提供虚实融合的全新交互体验,可在 HUAWEI AR Engine 构建的虚实世界中添加物体。例如,用户可将一张想要购买的虚拟桌子放在即将被装修的房间内来查看效果。运动跟踪能力能实时跟踪用户的运动轨迹。当用户离开房间再回来时,那张桌子仍然会在用户添加的位置。HUAWEI AR Engine 使用户的终端设备具备了对人的理解能力。通过定位人的手部位置和对特定手势的识别,可将虚拟物体或内容特效放置在人的手上;结合深度器件,还可精确还原手部的 21 个骨骼点的运动跟踪,做更为精细化的交互控制和特效叠加;当识别范围扩展到人的全身时,可利用识别到的 23 个人体关键位置,实时检测人体的姿态,为体感和运动健康类的应用开发提供能力支撑。

  HUAWEI AR Engine 前期基于海思麒麟芯片平台开发,后续将扩展到其他芯片平台,当前只能运行在基于 Kirin980、Kirin970、Kirin710 等芯片的终端设备上。因为硬件不一,不同机型支持的 AR Engine 能力会有差异,部分功能仅在特定的机型上支持,后续各机型会不断适配 AR Engine 能力。

1.4 HUAWEI AR Engine 生态

  在 5G 时代,用户规模将在短期内获得爆发式增长,移动端的 AR、VR 都将是发展主题。为了更好地构建内容生态,华为早在 2018 年 6 月的开发者大会上,发布了

HUAWEI AR Engine 1.0，并宣布将会面向所有开发者开放。2019 年 8 月的华为开发者大会上，华为发布了 AR 2.0，包括 HUAWEI AR Engine 2.0、内容平台 1.0、内容开发工具 1.0、HUAWEI AR View 1.0，通过软硬一体的通用 AR 引擎，从端到云全栈内容生态、10 倍速高效开发工具以及优异架构，来服务开发者，助力构建更好的 AR 体验。截止到 2020 年年底，HUAWEI AR Engine 已经覆盖两亿部华为手机终端，支持在众多华为设备上集成 HUAWEI AR Engine，下载量已超过 5 亿次，SDK 开发者包也早已上线华为开发者联盟，引擎服务端 APK 也已上架华为应用市场，下载和使用量可观。京东、腾讯等企业级别开发者均利用 HUAWEI AR Engine 实现增强现实应用。华为也通过举办 AR/VR 精品应用创新大赛，期望用丰富的赛事奖励、高额的现金奖励来激励创新，与开发者携手共创繁荣的 AR/VR 生态。

华为将 AR Engine 面向开发者的同时，也在官网上线了帮助开发者开发的各类文档（详情见附录 HUAWEI AR Engine），包括开发指南、API 参考、示例代码、SDK 获取文档。华为也为开发者在开发者论坛中提供了 AR/VR 版块，该论坛版块用于发布华为 AR/VR 官方消息，交流业界动态，开发者们和用户们可在该论坛探讨华为 AR/VR 开发和使用心得。其中，AR 为 HUAWEI AR Engine，VR 为 HUAWEI VR Engine。

1.5 案例解析

本书以 HUAWEI AR Engine 在 Windows 下 Android 端的 Demo 开发为例，呼应增强现实理论课，介绍增强现实在移动平台的应用开发。该 Demo 包含一个以 Django 为框架开发的服务器和一个以 HUAWEI AR Engine Java SDK 为框架的 Android 手机小游戏。其中，服务器用于存储玩家分数，并在 Android 端生成一个排行榜。Android 端的应用为一个小游戏，该游戏需要两个人共同完成，考验玩家们的默契程度。一名玩家手持手机，并用语言描述 AR 场景下的虚拟人物姿势；另一名玩家则根据描述做出相应的姿势。在限制时间内，完成多组姿势配对，计算游戏分数，并上传至服务器与其他玩家进行排名比较。

本书会以 HUAWEI AR Engine 的三大类能力（运动跟踪、环境跟踪、人体和人脸跟踪），帮助读者快速熟悉 HUAWEI AR Engine，体验增强现实应用在移动平台的开发过程。本书的 Demo 案例是一个双人的小游戏，考验玩家们的默契，完整流程图如图 1.5 所示。

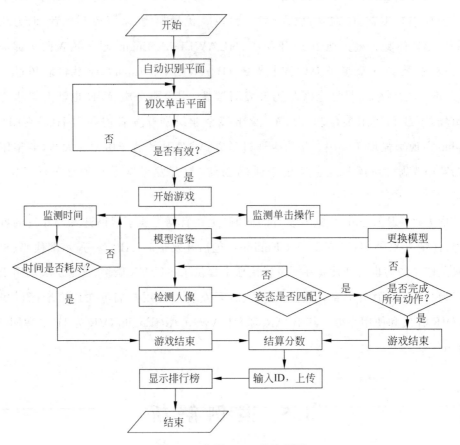

图 1.5　案例 Demo 的流程图

两位玩家需分工合作，一人为"描述者"，另一人为"猜谜者"。"描述者"手持手机对着"猜谜者"，根据手机画面中虚拟人像的姿势动作，尽可能精确地用语言描述出来，如图 1.6(a) 所示。而"猜谜者"在虚实结合的环境中，根据"描述者"描述的姿势做出相应的动作。若"猜谜者"的姿势与虚拟人像的姿势匹配（如图 1.6(b) 所示），则加分并开始下一组姿势，重复上述过程直到游戏结束。游戏结束后，玩家会获得该局游戏的分数，玩家可输入 ID 并上传至服务器与他人进行比较，玩家们也可以查看获得游戏分数最高的 10 组玩家的信息，如图 1.6(c) 所示。

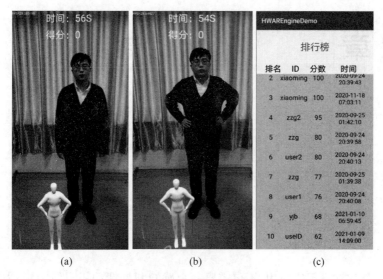

图 1.6　案例 Demo 的实测图

小　　结

本章首先介绍了实验教材，并简单介绍了增强现实的概念和发展进程。然后简单介绍了 HUAWEI AR Engine 及其生态。最后介绍了本书的 Demo 案例，该案例是一个基于 HUAWEI AR Engine 开发的游戏 Demo。

本书主要以实例开发的方式帮助读者快速熟悉 HUAWEI AR Engine，体验增强现实应用在移动平台的开发过程，呼应《增强现实技术与应用》一书。

习　　题

1. 了解增强现实的各个发展阶段，梳理增强现实的发展过程。
2. 深入了解 HUAWEI AR Engine。
3. 在华为 AR/VR 论坛上浏览并发帖。
4. 构思一个基于 HUAWEI AR Engine 开发的应用。

第 2 章   软 件 架 构

2.1 应用架构介绍

  一个完整的增强现实应用,不仅需要一个感知和反馈的用户终端,还需要一个能够处理大量计算、正确感知真实世界、准确解读用户意图的服务器端(如图 2.1 所示)。在深度学习愈发普遍的情况下,大部分计算量大的流程都是依靠服务器进行处理,再通过网络通信传输到客户端。本节将对典型的应用架构进行介绍。

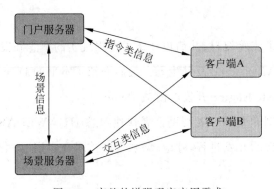

图 2.1 完整的增强现实应用需求

  一般情况下,服务器会分为两类:门户服务器与场景服务器。门户服务器负责用户管理、场景管理、数据资产管理等功能。独立门户服务器还可以有更灵活的扩展性,以后如果要替换为定制化的平台,并不影响关键的场景服务器。场景服务器负责实时状态同步、场景交互、云渲染等功能,将渲染类工作放到场景服务器上,将渲染之后的图像和音效传递给客户端。大量客户端通过指令类信息与门户服务器进行交互,通过交互类信息和场景服务器进行交互。

如图 2.2 所示的所有设备是增强现实项目中所需的基本设备。传感设备可以采用传统的计算机输入设备如鼠标键盘，也可以用语音识别、手势识别、动作捕捉等技术对用户的输入信息进行采集。之后将采集到的数据通过客户端计算单元进行相应处理反馈到反馈设备，如体感眼镜、手套等设备。门户应用服务器和场景应用服务器分别从数据库服务器和数字资产服务器获取信息，在服务器端生成虚拟世界，与语音/视频消息应用服务器，在 5G 网络、Wi-Fi、LAN 的环境下，与用户方进行交互。

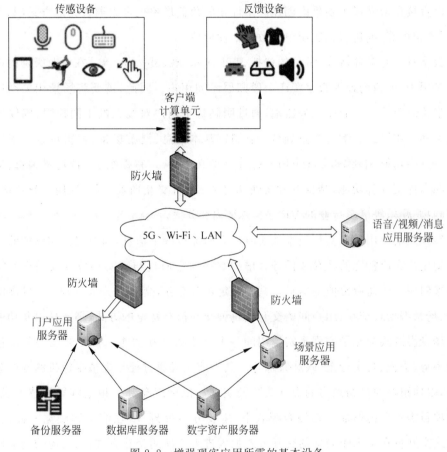

图 2.2　增强现实应用所需的基本设备

在未来，伴随 5G 技术的发展，端—边—云的架构将会得到更多的普及。如何将增强现实系统有效合理地部署在这三个计算单元上是一个有待更多探索实践的领域。本书更多的是围绕典型的客户/服务器架构来分析。2019 年，多家公司联合成立了 Open AR Cloud 项目，旨在建立开放的增强现实资产、数据、格式、通信等多方面的行业标准。

2.2 数字资产和交互方式

增强现实的核心功能是将虚拟场景和现实场景叠加。因此,增强现实应用的核心功能之一是要能够创建虚拟场景。常见的方式是载入预存的场景模板。另一种重要的数字资产是用户的虚拟形象。数字资产的创建可从外部(例如 U 盘、网络等)获取,也可以直接在增强现实场景内创建。个性化的角色形象也可以通过其他方式(基于图像、深度相机等)创建与真实用户一致的个性形象。

数字资产有多种格式,常见的包括 glTF、ma、mb、obj、fbx 等。在商业级别的增强现实应用中,虚拟场景等数字资产一般归属不同用户。因此,需要将场景相关操作加入权限管理模式。一般在服务器端,通过明确每个用户对场景的不同权限,确保场景的隐私和合作模式。常见权限划分为:浏览基本信息、漫游场景、编辑场景。华为有提出一款多功能 3D 编辑器 Reality Studio(见 9.4 节)。它提供了 3D 场景编辑、动画制作和事件交互等功能,帮助开发者快速打造 3D 可交互场景,可广泛用于教育培训、电商购物、娱乐等诸多行业的 VR、AR、XR 内容开发。

增强现实应用对现实环境添加实时渲染的虚拟数字信息,通过现实和虚拟的结合来帮助用户完成特定的活动或任务。虚拟数字信息通过与现实环境以及用户的实时互动来向用户传递有价值的信息。其中必定包含交互,交互可分为三种:场景漫游式交互、场景编辑式交互、用户间的交互。每种交互都有特定的方式、趣味性以及功能。

场景漫游式交互是增强现实应用的一个重要的交互功能。常见的漫游手段包括利用手势、头盔、真实行走、眼球跟踪等。其中前三者通过控制虚拟摄像机的变换矩阵实现,眼球跟踪通过场景内的交互式渲染实现。鼠标键盘和平板电脑触控技术成熟,可视项目需求考虑增加。在漫游模式下,主要分为视野、增强渲染和触觉三种交互。触觉式交互将在未来作为新的交互方式加入进来。新的交互方式,如其他的运动捕捉系统,可通过视野交互和增强渲染两个通用接口来实现兼容。这种交互模式旨在提供沉浸式的视觉体验,主流增强现实应用都含有该交互模式。

场景编辑式交互是除了基础的漫游式交互,还需用户编辑物体、场景的属性。编辑交互的核心是选择物体、编辑属性。基本的物体交互功能包括选择物体、抓取物体、编辑物体、触碰物体。实现交互的方式有多种,包括手势交互、键盘、触摸屏、鼠标等成熟技术。为了实现通用性,可以将针对物体的交互封装为三种不同的交互类,即选择、抓取、编辑,通过其他方式完成的交互,只要能对接这三种接口即可。利用其他新设备、新方式提供的编辑交互,最终都通过顶层的编辑交互类进行实现。这种交互模式旨在提供更加多元、可玩的增强现实体验,让用户也参与到增强现实系统的构建中。

用户间的交互需要不同玩家在同一个场景中协同合作,其中,部分核心功能包括语音聊天、语音消息、文字消息等。在更高级的情况下,通过触觉等方式进行交互是未来的发展趋势。用户间交互相对独立,可考虑成熟的语音和文字 SDK,便于集成。这种交互模式旨在提供玩家间的协同交流,让增强现实应用不仅局限于增强现实,同时实现社交、工作等与增强现实的结合。

开发者需明确所开发的增强现实应用的功能,设计并建立相应的数字资产以及交互模式,从而将这两部分融入整个软件架构中。

传统增强现实系统是基于视频和音频的方式进行输出,随着近年来智能技术和计算能力的迅猛发展,基于听觉、嗅觉、触觉、味觉等多模态融合输出是新一代增强现实优于传统增强现实的重要技术手段,也是当下增强现实的发展趋势。手机平台的增强现实技术受限于硬件,缺乏沉浸感,可将震动作为触觉反馈以补充视觉和听觉。

2.3 HUAWEI AR Engine 架构

HUAWEI AR Engine 架构包含两个部件:后台服务 Server 和应用进程 Client,见图 2.3。

后台服务 Server 集成了运动跟踪、环境跟踪、人体和人脸识别等 AR 核心算法。其中,位置跟踪包含单机 SLAM(同步定位与建图)、多机 SLAM、运动跟踪等,通过识别跟踪现实世界的特征点,可持续稳定跟踪终端设备的位置和姿态相对于周围环境的变化,同时输出周围环境特征的三维坐标信息。环境跟踪包括光强估计、平面监测、图像跟踪、环境 Mesh 等,通过捕获并识别现实环境中的平面(墙体、地面)、光照、物体、环境表面等,来辅助用户的应用实现虚拟物体以场景化的方式逼真地融入现实物理世界,提升虚拟物体在成像上的真实感。人体和人脸跟踪包括手势识别、手部骨骼跟踪、人体姿态识别、人体骨骼跟踪、人体 Mask、人脸表情跟踪、人脸 Mesh 等,通过识别、跟踪人体特征点,来理解环境中人的信息,包括跟踪人脸、人体、手势等实时信息,以辅助用户的应用实现人与虚拟物体交互的能力。华为将后台服务 Server 这些 AR 核心算法以 APK 的形式预置在华为手机中,并上架到华为应用市场,上层应用通过 Session

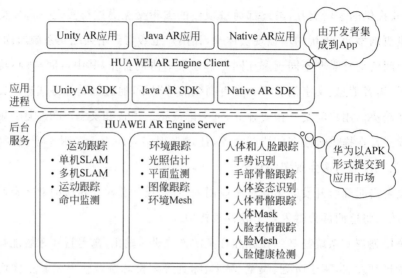

图 2.3　HUAWEI AR Engine 框架

调用相应的 AR 服务。开发者仅需通过 SDK 对应的 API 来调用想要的功能,实现底层功能黑盒化,简化开发过程,节省开发时间。开发者可以通过华为应用市场下载 HUAWEI AR Engine Server 来支持自己开发的 AR 应用。

应用进程 Client 提供给开发者集成第三方应用,目前包含 Java AR SDK、Native AR SDK。应用进程 Client 面向开发者,开发者开发的第三方应用通过调用相应的 API 来调用底层 Server 的功能,以此来支持应用的 AR 功能。两种 SDK 所提供 API 的功能相差无几,开发者可根据开发环境灵活选择相应的 AR SDK。开发者选择相应的 SDK 后,可根据华为官方提供的文档开发自己的第三方应用。封装底层核心 AR 算法使其对开发者黑盒,可以让开发者更好地面向功能优先,而不用学习复杂、先进的 AR 算法,这也是 HUAWEI AR Engine 架构的优势。

2.4　典型 AR 应用架构

基于 HUAWEI AR Engine 开发的 AR 第三方的典型应用架构包含两个部件:纯虚拟应用和 HUAWEI AR Engine 服务的逻辑交互,见图 2.4。

纯虚拟应用需要开发者自主开发实现应用逻辑及内容,包括虚拟物体建模、虚拟

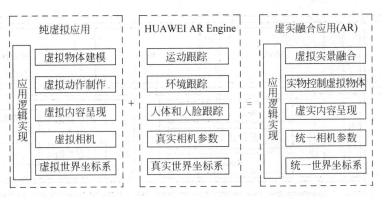

图 2.4 基于 HUAWEI AR Engine 的典型应用架构

动作制作、虚拟内容呈现、虚拟相机、虚拟世界坐标系。其中，虚拟物体的建模和虚拟物体的动作制作会影响最终 AR 场景下的真实性。虚拟物体的材质、贴图、比例、外形、颜色等越真实，其动作越自然，最终在 AR 场景下该虚拟物体成像越真实，甚至能以假乱真。而虚拟相机与虚拟世界坐标系要与手机的真实相机与真实世界坐标系一致，这样虚拟物体的呈现才会稳定和真实。

HUAWEI AR Engine 提供给第三方应用的 AR 算法，包括运动跟踪、环境跟踪、人体和人脸跟踪、真实相机参数、真实世界坐标系。其中，运动跟踪、环境跟踪、人体和人脸跟踪是提供给第三方应用理解世界和人的能力。而真实相机参数和真实世界坐标系则是提供给第三方应用真实的世界视角及位置。开发者需要在所开发的增强现实应用中调用 HUAWEI AR Engine 的 API，从而构建一个完整的虚实融合应用。基于 HUAWEI AR Engine 开发的第三方 AR 应用可以包含虚拟实景融合、实物控制虚拟物体、虚实内容呈现等 AR 应用常见的功能，并且虚拟物体和实景使用的是统一的相机以及世界坐标系。

2.5 示例应用架构

本书的示例应用架构如图 2.5 所示。

云端服务器采用的是基于 MVC（Model-View-Controller）模式的 Django 框架。主要用于接收并存储玩家发送的游戏分数及 ID，也用于生成排行榜。后台服务器集成了运动跟踪、环境跟踪、人体和人脸识别等 AR 核心算法，开发者仅需通过 SDK 对

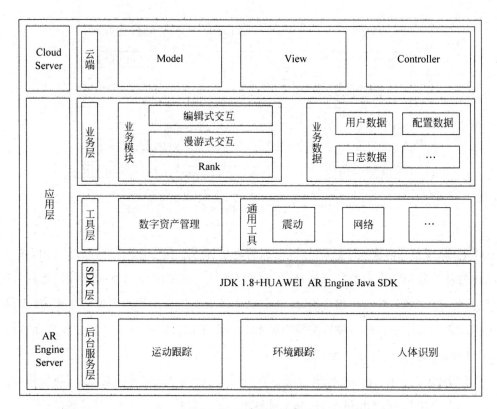

图 2.5 示例应用架构

应的 API 来调用功能，实现对底层黑盒。在示例应用中仅调用了运动跟踪、环境跟踪、人体识别，不涉及人脸识别。

在应用层中又分为三层，包括业务层、工具层、SDK 层。SDK 层包含 JDK 1.8 和 HUAWEI AR Engine 提供的 Java SDK，其配合 Android 开发平台（Android Studio、Eclipse 等）开发 Android 应用。工具层包含通用工具，包括网络、日志、时间戳、震动、摄像头等常用的 Android 工具，数字资产管理则包含虚拟三维模型、UI 素材等数字信息管理。业务层是明确整个示例应用功能的一层，包括业务模块和业务数据。业务模块包含两种交互模式：编辑式交互、漫游式交互，这两者奠定了示例程序的基本玩法。业务模块还包含记分和排名，用于记录玩家分数并将其与其他玩家排名比较。业务数据层则包含一些应用数据，包含用户数据、配置数据、日志数据等。

小　　结

本章主要介绍了一个完整的 AR 应用架构,并介绍了 AR 应用所需的数字资产、交互方式及其反馈机制。然后解析了 HUAWEI AR Engine 的架构及其所包含的两个部件:后台服务 Server 和应用进程 Client,并以一个典型 AR 应用架构的例子来对 HUAWEI AR Engine 的架构介绍进行补充。最后介绍了本书示例 Demo 的应用架构。本书的示例应用采用端—云模式,云端采用基于 MVC 模式的 Django 框架,终端采用 HUAWEI AR Engine Java SDK 的框架。

习　　题

1. 了解传统非 AR 应用的架构,比较其与 AR 应用架构的区别。
2. 查阅关于数字资产及生产数字资产工具的资料。
3. 为构思的应用(第 1 章习题 4)设计一个应用架构。

第 3 章　服务器搭建

3.1　服务器功能简介

服务器在网络中为其他客户机(如 PC、智能手机、ATM 等终端,甚至是火车系统等大型设备)提供计算或者应用服务。服务器具有高速的 CPU 运算能力、长时间的可靠运行、强大的 I/O 外部数据吞吐能力以及更好的扩展性。根据服务器所提供的服务,一般来说服务器都具备承担响应服务请求、承担服务、保障服务的能力。服务器架构(如图 3.1 所示)主要分为网络通信层、应用逻辑层和数据资产层。网络通信层接受并处理客户端发送的信息,将收到的信息处理之后传递到应用逻辑层,由应用逻辑层决定进行相应的操作,从数据资产层中提取相应的资产信息,触发相关的消息机制。

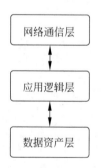

图 3.1　服务器架构图

应用逻辑层主要包括接收客户端发来的消息,调用对应模型,触发相关的消息机制。其中,消息种类包括场景类、信息类、状态类、模型类、消息类。针对不同的资产数据类型,建立对应的模型类,用于处理不同的消息请求,包括系统、场景、角色、三维模型、动画、纹理、材质、图片、文本等。数据库将对上述各类资产,建立对应的数据表,存储相关信息。

数据资产层主要包括数字资产和数据库管理。数字资产包括用适当格式保存的场景、角色、三维模型、动画、纹理、材质、图片、文本等。数据库管理常见的为 MySQL、SQLite 等。

服务器技术（详情参见附录：服务器技术及 Python 集合）有很多，常见的有 Flask、Socket、PHP、Apache、Django 等。Django 是一个由 Python 编写的开放源代码的 Web 重量级应用框架，拥有强大的数据库功能，自带强大的后台功能，内部封装了很多功能组件，使开发变得简单快捷。使用 Django，只要很少的代码，Python 程序开发人员就可以轻松地完成一个正式网站所需要的大部分内容，并进一步开发出全功能的 Web 服务。Django 本身基于 MVC 模型，即 Model（模型）＋View（视图）＋Controller（控制器）设计模式。MVC 模式使后续对程序的修改和扩展简化，并且使程序某一部分的重复利用成为可能。Python＋Django 是快速开发、设计、部署网站、Web 服务器的最佳组合。

本书的案例应用采用 Python 3.7＋Django 3.0 服务器框架。

3.2 安装 Python 和 Django

在 Python 官网下载 Windows X86 类型下的 Pyhton 3.7 安装包，如图 3.2(a)所示。下载完成后，运行安装包，勾选将 Python 加入系统环境选项，如图 3.2(b)所示，然后进行安装。安装完成后，按 Win＋R 组合键并输入"cmd"，打开命令提示符终端。在命令提示符窗口中输入如下命令查看是否安装成功。

```
python
```

若结果如图 3.2(c)所示，则安装成功。Python 的 IDE 有很多，包括 PyCharm、Jupyter notebook、Spyder 等，读者可用自己习惯的 IDE 去开发，本书使用的是 PyCharm。

安装 Django 比较简单，直接用命令行即可，在终端输入以下命令：

```
pip install Django
```

如图 3.3(a)所示，等待安装完成即可。安装完成后，依次输入以下命令：

(a)

(b)

(c)

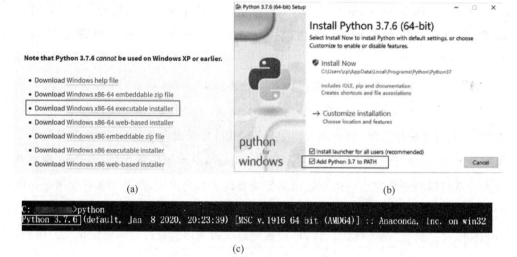

图 3.2　下载 Python 安装包、安装及验证

```
python
import django
print(django.VERSION)
```

若结果为输出 Django 的版本信息，如图 3.3(b)所示，则表示 Django 安装成功。

(a)

(b)

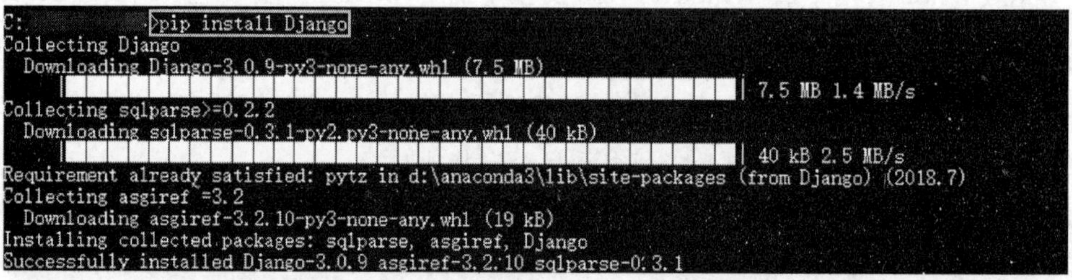

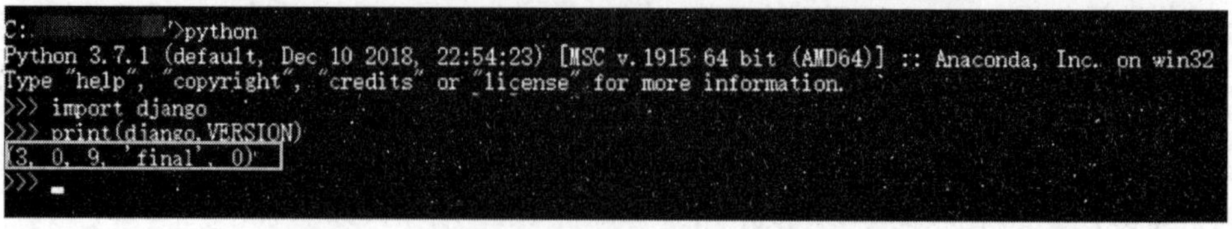

图 3.3　Django 的安装及验证

3.3 "排行榜"Web 服务器搭建

游戏排行榜最能体现玩家对游戏的熟练度,并激发玩家的游戏兴趣。一个很好的例子是微信小游戏"打飞机",由于其具有分数联网排行,一经推出便吸引了众多玩家。很多玩家为了当周第一相互竞争,每天花费大量时间在游戏上,这增加了游戏的日活跃度。本书中的 Demo 也增加了一个联网排名,用于玩家的竞争比较。

在安装完 Django 之后,便可开始搭建第一个 Django 应用。新建一个名为 AR_App 的文件夹,用于存放服务器与 AR 应用的源代码。打开终端,切换到该目录下,输入以下命令:

```
django-admin startproject Server
```

该命令为在当前目录创建一个名为 Server 的 Django 项目。然后切换到 Server 目录下:

```
cd Server
```

之后输入命令行:

```
django-admin startapp ar_server
```

该命令为创建一个名为 ar_server 的应用。在创建完成之后,尝试运行这个 Django 项目。以上执行步骤及结果见图 3.4。

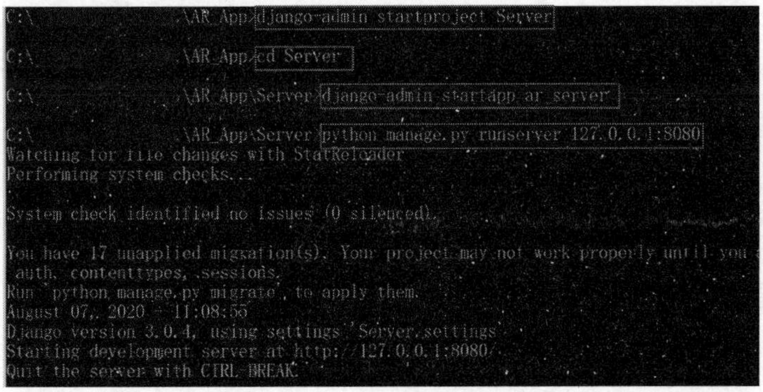

图 3.4 新建一个 Django 项目及运行

输入命令行运行项目：

```
python manage.py runserver 127.0.0.1:8080
```

运行之后，打开浏览器，访问 http://127.0.0.1:8080/，若出现如图 3.5 所示页面，则表示 Django 项目运行成功。

图 3.5　访问 Django 项目

创建完成之后，可以查看目录 AR_App 下已经出现一个 Django 项目，使用 PyCharm 打开 Server 目录。可以看到如图 3.6 所示的目录结构，其中各目录说明如下。

ar_server：应用的容器。

ar_server/migrations：数据库迁移文件夹。

ar_server/admin.py：后台 admin 配置文件。

ar_server/models.py：数据库模型文件。

ar_server/views.py：应用的视图函数处理文件。

Server：项目的容器。

Server/asgi.py：ASGI 兼容的 Web 服务器的入口，以便运行项目。

Server/settings.py：项目配置文件。

Server/urls.py：该 Django 项目的 URL 声明，用于管理访问地址。

Server/wsgi.py：WSGI 兼容的 Web 服务器的入口，以便运行项目。

manage.py：命令行工具，可以让开发者以各种方式与 Django 项目进行交互。

开发主要围绕 models.py、urls.py 和 views.py。

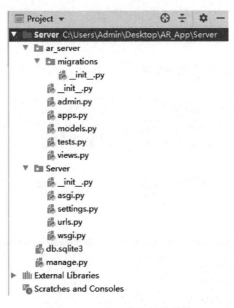

图 3.6　Django 项目目录结构

我们需要为开发的 AR 游戏应用提供一个可以存储并访问的"排行榜"服务器，为此，需要一个可存储玩家分数的数据库。Django 支持许多数据库，包括 MySQL、Oracle、PostgreSQL 等，开发者可自行选择需要的数据库，与数据库连接的操作也非常简单，只需在 Server/settings.py 文件中配置相应的数据库即可。本书使用 Django 默认支持的数据库系统 SQLite3，无须额外配置。Django 中内嵌了 ORM 框架，不需要直接面向数据库编程，而是定义模型类，通过模型类和对象完成数据表的增删改查操作。ORM 即 Object Relation Mapping，简单来说就是映射对象和数据库的关系。在 ORM 框架中，会自动将类和数据表进行映射，通过类和类对象就能操作它所对应的表格中的数据，此外，ORM 会根据开发者设计的类自动生成数据库中的表格，省去了建表的时间。

由于服务器只需要存储玩家的分数，故只需一个排名表，存储玩家姓名、分数和时间即可,需要在 ar_server/models.py 中定义该 rank 类。

```python
from django.db import models
class rank(models.Model):                    #创建一个 rank 类,用于存储玩家姓名、分数、
                                             #时间
    name = models.CharField(max_length = 11) #姓名属性,数据类型为 Char,最大长度
                                             #为 11
    score = models.IntegerField()            #分数属性,数据类型为 Integer
    time = models.DateTimeField(auto_now_add = True)  #时间属性,数据类型为
                                                      #DateTime,设置为当前时间
```

在定义 rank 类之后,需要在 ar_server/admin.py 中注册 rank 表:

```python
from django.contrib import admin
from ar_server import models
admin.site.register(models.rank)        #注册 rank 表
```

Django 项目需要使用应用时,需要在 Server/settings.py 的 INSTALLED_APPS 中注册:

```python
INSTALLED_APPS = [
    'django.contrib.admin',
    'django.contrib.auth',
    'django.contrib.contenttypes',
    'django.contrib.sessions',
    'django.contrib.messages',
    'django.contrib.staticfiles',
    'ar_server',            #注册应用
]
```

在 Django 框架下,每次更改了数据库,均需要进行数据库的迁移。数据库的迁移非常简单,只需两条命令即可。在 PyCharm 的终端依次输入:

```
python manage.py makemigrations
python manage.py migrate
```

结果如图 3.7 所示,即完成数据库的迁移。

完成数据库的建立及迁移后,需要为服务器开发一个接口,用来接收并存储上传的玩家分数信息。在获得玩家分数信息并存储后,需要返回排行榜中分数前 10 的信息,分数相同,则时间早的优先。在 ar_server/views.py 中:

```
C:\Users\Admin\Desktop\AR_App\Server>python manage.py makemigrations
Migrations for 'ar_server':
  ar_server\migrations\0001_initial.py
    - Create model rank

C:\Users\Admin\Desktop\AR_App\Server>python manage.py migrate
Operations to perform:
  Apply all migrations: admin, ar_server, auth, contenttypes, sessions
Running migrations:
  Applying contenttypes.0001_initial... OK
  Applying auth.0001_initial... OK
  Applying admin.0001_initial... OK
  Applying admin.0002_logentry_remove_auto_add... OK
  Applying admin.0003_logentry_add_action_flag_choices... OK
  Applying ar_server.0001_initial... OK
  Applying contenttypes.0002_remove_content_type_name... OK
  Applying auth.0002_alter_permission_name_max_length... OK
  Applying auth.0003_alter_user_email_max_length... OK
  Applying auth.0004_alter_user_username_opts... OK
  Applying auth.0005_alter_user_last_login_null... OK
  Applying auth.0006_require_contenttypes_0002... OK
  Applying auth.0007_alter_validators_add_error_messages... OK
  Applying auth.0008_alter_user_username_max_length... OK
  Applying auth.0009_alter_user_last_name_max_length... OK
  Applying auth.0010_alter_group_name_max_length... OK
  Applying auth.0011_update_proxy_permissions... OK
  Applying sessions.0001_initial... OK
```

图 3.7　数据库迁移

```python
from django.shortcuts import render
from django.core import serializers
from django.http import JsonResponse
from ar_server import models
def upload_score(request):
    if request.method == 'GET':                              #传输方式为 GET
        player_name = request.GET.get('name')                #获取字段为"name"的值
        player_score = request.GET.get('score')              #获取字段为"score"的值
        models.rank.objects.create(name = player_name, score = player_score)
                                                             #添加一条数据进 rank 表
        num = models.rank.objects.count()                    #查询 rank 表中数据的条数
        num = num if num < 10 else 10                        #取前 10 条,不足 10 条就取全部
        models_list = models.rank.objects.all().order_by('-score','time')[:num]
                                #查询 rank 表中所有数据,并按 score 降序、time 升序
        rank = serializers.serialize('json', models_list)    #list 转换为 json 1
        ranks = json.loads(rank)                             #list 转换为 json 2
        return JsonResponse(ranks, safe = False)             #返回 JSON 数据
```

开发完用于接收、存储并返回玩家分数的接口后,需要为该接口注册一个可访问的地址。可在 Server/urls.py 中注册地址:

```python
from django.contrib import admin
from django.urls import path
from ar_server import views

urlpatterns = [
    path('admin/', admin.site.urls),
    path(r'upload_score', views.upload_score, name='upload_score'),    #注册地址
]
```

其中,第一个 upload_score 为地址声明,在响应请求时,用于 URL 的地址识别匹配。第二个 upload_score 为接口声明,在匹配到地址后,调用相应的接口。第三个 upload_score 为地址 name 声明,为 URL 取名能够使开发者在 Django 的任意地方唯一地引用它,尤其是在模板中,这个特性允许开发者只改一个文件就能全局地修改某个 URL 模式。只有第二个参数需要连接相应的接口,其余开发者可自行定义,只不过在访问、调用时和此处注册的一致即可。

而开发的基于 HUAWEI AR Engine 的 AR 第三方应用需安装在移动端使用,故服务器需要开放局域网访问,让所有设备与运行本服务器的计算机连接同一个局域网即可访问。我们需要在 Server/settings.py 中设置允许访问所有端口:

```python
#ALLOWED_HOSTS = []
ALLOWED_HOSTS = ['*']    #允许所有端口访问
```

至此,服务器部分的开发全部完成,只需让其运行起来即可,在 PyCharm 终端输入:

```
python manage.py runserver 0.0.0.0:8080
```

如图 3.8 所示,在输入命令后,Django 项目成功运行。

运行 Django Web 服务器后,可通过浏览器简单测试一下。访问地址为:运行 Django 计算机的 IP 地址:8080。需要测试 upload_score 这个接口是否能正常工作,故以 GET 的 HTTP 传输协议上传 name 和 score 参数。访问地址为:172.16.13.62:8080/upload_score?name=xiaoming&score=100。

此次测试上传了用户名为 xiaoming,分数为 100 的数据,结果如图 3.9 所示,服务

器返回了一条 JSON 数据(目前数据库仅这一条数据,故只返回了 xiaoming 的数据)。读者需将访问地址中的 172.16.13.62 替换为自己运行 Django 的计算机的 IP 地址。

图 3.8　在局域网内启动 Django

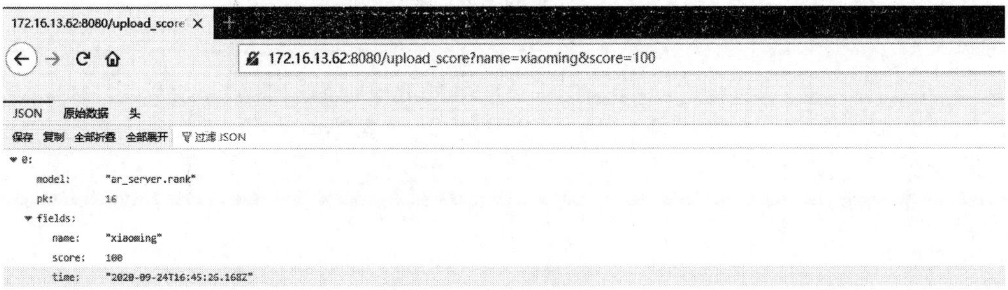

图 3.9　上传测试

小　　结

本章简述了服务器概念及架构,并为读者介绍 Django、PHP 等主流的服务器技术。本书的案例应用 Python 3.7＋Django 3.0 服务器框架,基于此为读者介绍了 Python 和 Django 的安装及验证。在最后一步介绍了搭建"排行榜"Web 服务器的过程及运行验证过程。读者可以快速熟悉服务器的搭建,为搭建自己的 Web 服务器提供了参考。

习　题

1. 理解服务器的概念、架构及用途，并列举经典服务器技术。
2. 使用 Python+Django+HTML 搭建一个可访问的 Web 服务器。
3. 使用其他服务器技术（PHP、Apache）搭建"排行榜"Web 服务器。

第 4 章　客户端开发环境配置

4.1　客户端功能简介

客户端(Client)或称为用户端,是指与服务器相对应,为客户提供本地服务的程序。除了一些只在本地运行的应用程序之外,一般安装在普通的客户机上,需要与服务器端互相配合运行。因特网发展以后,较常用的用户端包括如万维网使用的网页浏览器、收寄电子邮件时的电子邮件客户端,以及即时通信的客户端软件等。对于这一类应用程序,需要网络中有相应的服务器和服务程序来提供相应的服务,如数据库服务、电子邮件服务等,这样在客户机和服务器端,需要建立特定的通信连接,来保证应用程序的正常运行。客户端架构(如图 4.1 所示)主要是将传感器数据采集、交互逻辑规则和反馈生成分离。该架构一方面可屏蔽底层传感器的差异性,允许多种传感器收集同一信号;另一方面可屏蔽输出平台的差异,兼容虚拟现实、增强现实、个人计算机、平板电脑等多种平台。

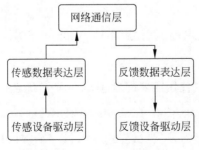

图 4.1　客户端概念架构图

目前 HUAWEI AR Engine 提供给开发者的 SDK 包括 Java AR SDK、Native AR SDK。开发者可自行选择相应的 SDK，用于开发相应终端的客户端。本书中的案例应用使用 HUAWEI AR Engine SDK Java 接口接入 AR Engine 服务端，故需要安装 JDK、Android SDK 与 IDE(详情见附录：Java 及 Android 文档集合)。

4.2 安装 JDK、IDE 及 Android SDK

在 Java 官网上下载 Windows 下 JDK 的安装包，这里下载的是 JDK1.8.0_261，读者也可下载其他版本。下载完成后，运行安装包，选择安装目录后进行安装。安装完成后，需对系统环境进行配置，具体配置过程，读者可自行查阅相关博客，这里不过多赘述。在完成系统配置后，可打开系统终端进行验证。输入：

```
java -version
```

若结果如图 4.2 所示，则 JDK 安装成功。

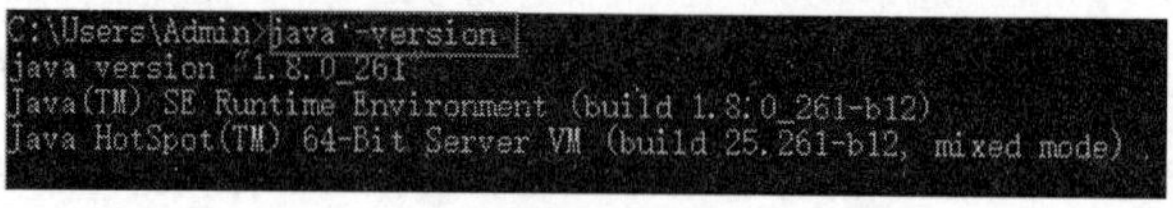

```
C:\Users\Admin>java -version
java version "1.8.0_261"
Java(TM) SE Runtime Environment (build 1.8.0_261-b12)
Java HotSpot(TM) 64-Bit Server VM (build 25.261-b12, mixed mode)
```

图 4.2 JDK 验证

开发 Android 的 IDE 有很多，包括 Android Studio、Eclipse 等。本书使用的是 Android Studio，可在其官网下载 Windows 下的安装包，下载完成后按照指示安装。在安装 Android Studio 时，会自动安装配置 Android SDK，故无须额外下载安装 Android SDK。若读者想要使用其他版本的 Android SDK，需自行下载并在 Android Studio 中配置。

安装完成之后，第一次使用需要配置 JDK。首先新建一个项目，然后选择 File→Project Structure→SDK Location，在 Android JDK location 文本框中选择安装 JDK 的路径，如图 4.3 所示。最后，可尝试新建并运行一个空白项目，若能在真机(本书的案例应用只能在满足 HUAWEI AR Engine 的手机上运行，故一切测试均为真机测试)上正确运行则表示配置成功。

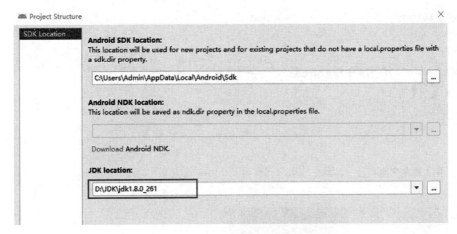

图 4.3　Android Studio 配置 JDK

4.3　开发环境配置

本节主要介绍接入 HUAWEI AR Engine Java SDK 的准备步骤,以帮助读者快速完成 HUAWEI AR Engine 的接入。

4.3.1　开发准备

接入 HUAWEI AR Engine Java SDK 需要准备的环境如下。

(1) 需要有 Android Studio 开发环境(4.0 或以上版本),并且需要 Android SDK Platform version 7.0(API level 24)或以上版本。本书使用 Android Studio 4.1.1、Android SDK Platform version 10.0(API level 29)。

(2) 用于开发应用的设备需要在 HUAWEI AR Engine 支持的终端设备中。本书使用的测试机为华为 P40 Pro。

(3) 在华为终端设备上的应用市场下载 HUAWEI AR Engine 服务端 APK(到华为应用市场搜索"HUAWEI AR Engine")并安装到终端设备。一般设备自带,无须自行下载安装,如图 4.4(a)所示。

HUAWEI AR Engine 的开发流程见图 4.4(b)。首先,开发者在开发应用前需要

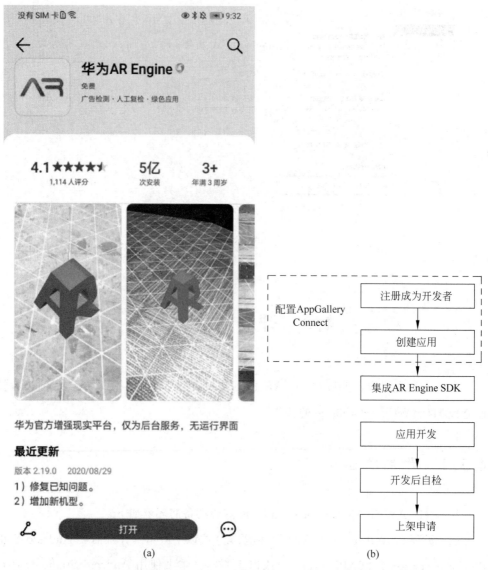

图 4.4　HUAWEI AR Engine Service 下载和 HUAWEI AR Engine 开发流程

在华为开发者联盟网站上注册成为开发者并完成实名认证,注册详情见华为开发者注册指南。注册完成后,开发者可在 AppGallery Connect 网站上创建项目和应用,该网站是华为官方为开发者提供移动应用全生命周期服务、覆盖全终端全场景、降低开发成本、提升运营效率而建立的。创建完成后,开发者集成 AR Engine SDK,并完成开发。最后,进行测试并申请上架(详情见 9.1 节)。

4.3.2 接入 AR Engine SDK

华为为 AR Engine 的开发者提供了示例代码,开发者可在官网下载示例代码,并在此基础上开发。下载完成后,用 Android Studio 导入 huawei-arengine-android-demo 项目。导入完成后,使用真机运行测试 HWAREngineDemo 工程。若运行正常,如图 4.5 所示,则表示接入 AR Engine SDK 成功。华为提供的 Demo 包含五个部分:World(平面场景展示)、Face(人脸跟踪)、Body(人体骨骼追踪)、Hand(人体手部跟踪)、Health(健康场景展示)。其中,World 包含对人以外的物的理解,Face、Body、Hand、Health 均包含对人的理解,包括面部识别、骨架识别、手部识别、健康检测等。开发者可根据需要选择一个部分作为开发基础。当然开发者也可自行集成,包括在 World 中加入对人的理解。

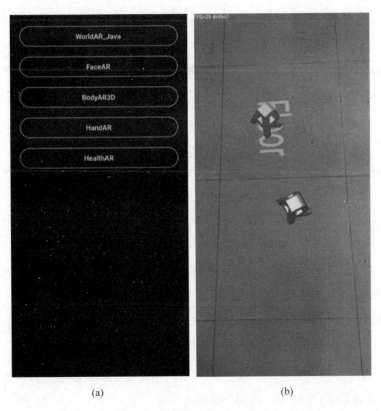

(a)　　　　　　　　(b)

图 4.5　运行 AR Engine Demo

4.3.3　Demo 介绍

HUAWEI AR Engine 的 Demo 目录结构如图 4.6 所示。其中，assets 文件夹用于存放素材，例如 obj 文件、贴图、图片等，开发者若需要使用另外的素材，可放置在该文件夹下。

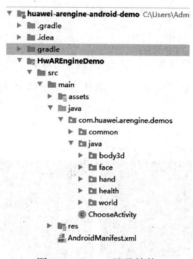

图 4.6　Demo 目录结构

body3d 文件夹用于存放使用 ARBodyTracking 开发的骨骼识别 Demo，包含人体关节点和骨骼识别能力，可以输出四肢端点、身体姿态、人体骨骼等人体特征。

face 文件夹用于存放使用 ARFaceTracking 开发的人脸 Mesh 绘制 Demo，并提取人脸跟踪的数据，包含人脸位置、姿态、人脸模型。

hand 文件夹用于存放使用 ARHandTracking 开发的手部识别 Demo，包含手部骨骼坐标数据、手势识别结果等功能。

health 文件夹用于存放使用 ARHandTracking 开发的人脸健康检测 Demo，包含健康检测进度和检测状态、健康检测各项参数等功能。

world 文件夹用于存放使用 ARWorldTracking 开发的环境识别 Demo，包含平面检测、虚拟物体放置、平面语义识别等功能。

common 文件夹用于存放上述五个 Demo 所需要的共同 Java 文件。ChooseActivity.java 为主界面，是用户选择运行这五个 Demo 的界面。读者可自行运行上述五个 Demo，根据它们的特性，自主选择其中一个 Demo 用于开发自己的第三方应用。

本书的游戏 Demo 开发是基于 World Demo，其目录结构如图 4.7 所示。其中，assets/AR_logo.obj 为 Demo 中的 AR 标识，即图 4.5（b）中的"AR"。world/rendering/WorldRenderManager.java 为 AR Engine 运行时的管理文件，大部分开发均在此 Java 文件下。world/WorldActivity 为 UI 及 AR Engine 生命周期管理文件。world/GestureEvent.java 为交互设置文件。其余 4 个 Java 文件为渲染文件，包括环境 tag 绘制以及 AR 标识模型绘制。

图 4.7　World Demo 目录结构

由于本书的游戏 Demo 基于 World Demo，无须选择其他 Demo 运行，所以需修改启动界面，在 main/AndroidManifest.xml 中：

```
<activity
    android:name="com.huawei.arengine.demos.ChooseActivity"
    android:exported="true">
    <intent-filter>
        <action android:name="android.intent.action.MAIN" />
        <category android:name="android.intent.category.LAUNCHER" />
    </intent-filter>
</activity>
...
```

```xml
<activity
    android:name = "com.huawei.arengine.demos.java.world.WorldActivity"
    android:theme = "@style/Theme.AppCompat.NoActionBar"
    android:configChanges = "orientation|screenSize"
    android:screenOrientation = "locked" />
```

将<intent-filter>…</intent-filter>从 ChooseActivity 中移动到 WorldActivity。

```xml
<activity
    android:name = "com.huawei.arengine.demos.ChooseActivity"
    android:exported = "true">
</activity>
...
<activity
    android:name = "com.huawei.arengine.demos.java.world.WorldActivity"
    android:theme = "@style/Theme.AppCompat.NoActionBar"
    android:configChanges = "orientation|screenSize"
    android:screenOrientation = "locked" >
    <intent-filter>
        <action android:name = "android.intent.action.MAIN" />
        <category android:name = "android.intent.category.LAUNCHER" />
    </intent-filter>
</activity>
```

手机摄像头是手机平台上 AR 应用虚实结合的连接点,故需要动态获取摄像头权限。打开 WorldActivity.java,在 onCreate(Bundle savedInstanceState)方法中添加:

```java
@Override
protected void onCreate(Bundle savedInstanceState) {
    ...
    PermissionManager.checkPermission(this);
}
```

若用户不赋予摄像机权限,则应用关闭并提示,在 WorldActivity.java 中添加方法:

```java
@Override
public void onRequestPermissionsResult(int requestCode, String[] permissions, int[] results) {
    if (!PermissionManager.hasPermission(this)) {
```

```
            Toast.makeText(this, "This application needs camera permission.", Toast.
LENGTH_LONG).show();
            finish();
        }
    }
```

修改完成后运行,直接启动的是 World 这个 Demo,如图 4.5(b)所示。如此便可以继续开发第三方应用。关于更多有关 HUAWEI AR Engine 的资料,可查阅官方网站及文档。

小　　结

本章简述了客户端的概念及其架构。本书的案例应用使用 HUAWEI AR Engine SDK Java 接口接入 AR Engine 服务端,基于此介绍了 JDK、Android Studio、Android SDK 的安装及验证。然后介绍了开发 HUAWEI AR Engine 第三方应用所需的开发环境以及开发流程。最后下载并运行官方提供的示例应用,帮助开发者熟悉示例应用的目录结构和部分代码,并一步步指导读者修改启动界面、获取摄像机权限。

习　　题

1. 理解客户端的概念、架构及其用处,并例举一些经典的客户端。

2. 尝试接入 HUAWEI AR Engine SDK,运行并体验示例代码,熟悉 HUAWEI AR Engine 官方提供的示例代码的目录结构及其功能。

3. 尝试将启动界面修改为 BodyActivity 界面(或者 HandActivity 界面、FaceActivity 界面、HealthActivity 界面)。

第 5 章 环 境 跟 踪

5.1 简 介

增强现实需要对周围环境进行准确理解,其中依靠的最重要的传感器就是摄像机。基于摄像机采集的图像进行分析和理解是计算机视觉的主要任务。计算机视觉的常见任务包括图像分类、目标定位、目标检测、图像分割等。

物体识别包括两个问题,一是图像分类,二是目标定位。图像分类任务是指从图像中提取特征并依据特征来为图像中的目标进行分类。图像分类的结果就是把图像中的某个区域划分为某一个类别的事物。目标定位任务是在识别出图像中的对象类别后进一步确定该对象在图像中的位置,位置会被一个矩形的包围盒框选出来。因此目标定位的结果不仅包括对象的类别信息,还有位置信息。目标检测相对目标定位而言,更适用于多目标的场景,其检测结果为场景内多个目标的类别和位置信息。

图像分割是将图像细分为多个具有相似性质且不相交的区域,是对图像中的每一个像素加标签的过程,即像素级的分割。图像分割任务主要有语义分割和实例分割两种。语义分割是为图像中的每个像素都赋予一个统一的类别标签,比如在一张有多辆汽车的图像上,语义分割的结果可以为图像中所有属于汽车的像素点标识同一色彩,但汽车个体之间是无差别的,也就是说,语义分割只识别类别而不判别个体,而实例分割可以实现对同一类别不同个体间的判别。

5.1.1 物体识别

物体识别是计算机视觉中的一项基础任务。在物体识别中,既需要考虑分类问题,也需要解决定位问题,目标是实现对图像中可变数量的对象的分类和定位。这里的"可变"指不同的图像中可识别的对象数量可能不同。定位的结果是目标对象的边界框。物体识别的方法可以分为两大类：一类是基于模型的方法，另一类是基于上下文识别的方法。

物体识别一般要经过以下几个步骤。

1. 图像预处理

图像预处理是对图像数据进行简化的过程，在这个过程中会消除无关信息，以便于对有效信息进行提取。良好的预处理也有助于特征抽取、图像识别、定位、分割等任务的效果提升。常规操作一般有数字化、几何变换、归一化等。受采集图像的设备和应用场景的影响，需要采取不同的预处理运算来处理图像，这几乎是所有计算机视觉算法都需要的。预处理通常包括五种运算：编码、阈值或滤波运算、模式改善、正规化以及离散模式运算。

2. 特征提取

特征提取是指通过计算机提取图像信息，并确定每个图像的点所属的图像特征。常用的图像特征包括颜色、纹理、形状以及空间关系等。特征提取的结果是把图像上的点分为不同的集合，集合在图像上可以表现为孤立的点、连续的曲线或区域。不同形式的特征的计算复杂性和可重复性也大不相同。特征的好坏很大程度上影响着泛化性能。

3. 特征选择

进行特征提取后，可能得到许多特征，这时候需要从原始的众多特征中选取出最有效的特征组合以降低数据集维度，从而达到提高学习算法性能的目的。任何能够在选出来的部分特征上正常工作的模型在原特征上也都是可以正常工作的。反过来，特征选择是有可能导致一些有用的特征丢失的，但相比于节省下的巨大计算开销，有时候这样的特征丢失是值得的。

4. 建模

在物体识别中，每一类物体都是有相同点的，在给定特征集合后，从中提取相同点、分辨不同点是模型要解决的关键问题。因此可以说模型是整个识别系统的成败所在。模型主要建模的对象是特征与特征之间的空间结构关系；模型的选择主要有两个标准，一是模型的假设是否适用于我们的问题，二是根据模型所需要的计算复杂度，选择可以承受的方案。

5. 匹配

在得到模型之后，就可以用该模型对新的图像进行识别了，在识别出图像中对象的类别的同时，尽可能给出边界。

6. 定位

在识别出对象类别之后，需要对目标进行定位。部分模型本身就具有定位的能力（如描述生成模型、基于部分的模型），因为特征的空间分布就是模型处理的对象。

目标检测的常用框架有两种：第一种是 two-stage 方法，它将兴趣区域检测和分类分开进行，代表工作有 Fast RCNN、Faster RCNN；另一种是 one-stage 方法，它只用一个网络同时进行兴趣区域检测和分类，代表工作有 YOLO、SSD。

1) Faster RCNN

Ross B. Girshick 在 2016 年提出了新的 Faster RCNN（如图 5.1 所示），该算法在 ILSVRV 和 COCO 竞赛中获得多项第一。Faster RCNN 的卓越成果可以说是逐渐积累的结果。从 R-CNN 到 Fast-RCNN，再到 Faster-RCNN，乃至现在的 Mask-RCNN，Mask-RCNN 在实例分割领域已经取得了卓越的成果。

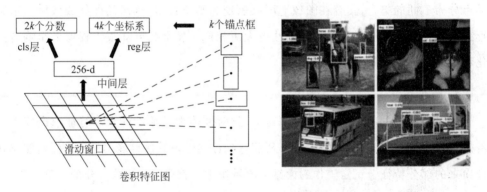

图 5.1　Faster RCNN 结构图

如图 5.1 所示，可以将 Faster RCNN 分为四个部分。首先是卷积层，卷积层包含 conv、pooling 以及 relu 三种层，负责提取特征图，特征图被共享用于后续 RPN 层和全连接层；然后是区域候选层（Region Proposal Networks，RPN），RPN 网络用于生成区域候选框，相对于传统的生成候选框的方式耗时很少，并且可以轻易地结合到 Fast RCNN 中，可以说，Faster RCNN 就是 RPN 与 Fast RCNN 结合的产物；第三部分是 RoI Pooling，该层综合之前的特征图和候选框信息，提取出候选框特征图，用于后续的全连接层进行类别的判定；最后进行分类，根据候选框特征图判定类别，并进行边界框回归以获取最终的准确边界框。

2) SSD

这是一种使用单个深度神经网络进行目标检测的方法。SSD(如图 5.2 所示)将边界框的输出空间离散化为一组默认框,并且采用了不同尺寸和比例的默认框。在测试的时候,网络对默认框中的对象判定类别并打分,同时对框进行调整以更好地适配对象形状。此外,该网络结合了来自不同分辨率的多个特征图的预测以自然地处理各种尺寸的对象。

相对于其他需要候选框的方法而言,SSD 更简单,因为 SSD 中完全消除了候选框生成和后续像素与特征的重采样阶段,并将所有计算封装在单个网络之中。所以 SSD 更容易训练,也更容易被集成到系统中。在 PASCAL VOC、MS COCO 以及 ILSVRC 数据集上的实验结果证明,SSD 具有与使用候选框的方法可比的准确性,但是速度更快,而且 SSD 为训练和推理提供了一个统一的框架。与其他 one-stage 方法相比,SSD 有着更高的精度。

5.1.2 图像分割

图像分割是把图像分成若干个特定的、具有独特性质的区域并提取出感兴趣目标的技术和过程。物体分割实现的是像素级的分割,结果会为每一个像素赋予分类标签。物体分割可以分为语义分割和实例分割。其中,语义分割是为图像中的每个像素赋予一个统一的类别标签,比如在一张有多辆汽车的图像中,语义分割的结果可以为图像中所有属于汽车的像素点标识同一色彩,但汽车个体之间是无差别的,也就是说,语义分割只识别类别而不判别个体。而实例分割实现的是对同一类别不同个体间的判别。

典型的图像分割技术大概可划分为基于图论的方法、基于像素聚类的方法以及基于语义的方法。近年来,基于深度学习的方法取得了较好的效果,典型代表为 MASK RCNN。

1. 基于图论的分割方法

基于图论的分割方法充分利用图论的理论和方法,它将图像映射为带权无向图,把像素视作节点,这样一来,图像分割就被转换成了图的顶点划分问题。图像映射成带权无向图之后,每个像素点就是图的节点,相邻像素之间存在着边。每条边有自己

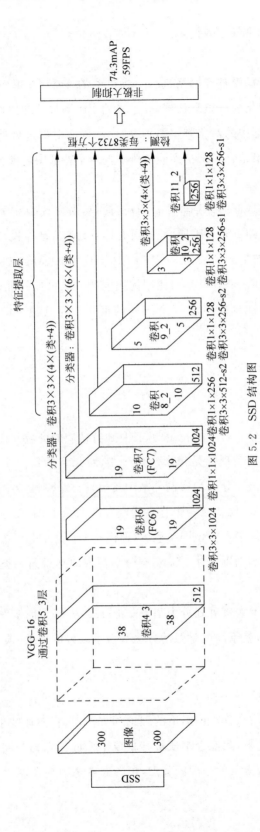

图 5.2　SSD 结构图

的权重,该权重可以表示相邻节点在颜色、灰度或纹理等特征上的相似度。然后可以利用最小剪切准则来得到图像的最佳分割。分割后的每个区域内部依据权重的类型都具有在某一特征方面的最大相似。代表方法有 NormalizedCut,GraphCut 和 GrabCut 等。

2. 基于像素聚类的方法

通过机器学习中的聚类方法也可以进行物体分割,其步骤如下。

(1) 初始化一个较为粗糙的聚类。

(2) 将在颜色、亮度、纹理等方面具有相似特征的像素点通过迭代的方式聚类到一个超像素,直至收敛,最终得到的就是分割的结果。

基于像素聚类的代表方法有 K-Means、Meanshift、谱聚类、SLIC 等。

3. 基于语义的方法

当物体的结构较为复杂,内部差异比较大的时候,基于聚类的方法只能利用像素点的颜色、亮度、纹理等较低层次的内容信息,这无法产生好的分割效果。因此,需要结合图像高层次的内容来帮助分割,这种方式称为语义分割。它有效地解决了传统图像分割方法中语义信息缺失的问题。

Mask RCNN 可以实现高效准确的实例分割。Mask RCNN(如图 5.3 所示)以 Faster RCNN 为原型,增加了一个分支用于分割任务。它更像是 FCN 和 Faster RCNN 的集成。Faster RCNN 会提取出图像中每一个对象的边界框,而 FCN 可以生成一类对象的掩膜,当 FCN 的对象只有一个的时候,就可以生成每一个对象的独立的掩膜了。

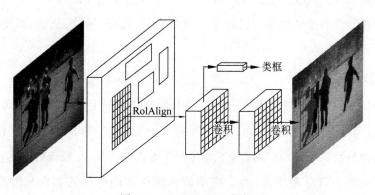

图 5.3 Mask RCNN 框架图

图 5.3 展示了 Mask RCNN 的系统框架。可以看出 Mask RCNN 的构建较为简单,只是在感兴趣区域对齐层(Region of Interest Align,ROIAlign)之后添加卷积层,进行掩模预测的任务。其中,Mask RCNN 一个非常重要的改进就是感兴趣区域对齐层。在之前 Faster RCNN 中存在的一个显著问题是:特征图与原始图像是不对准的,进而会影响检测的精度。所以 Mask R-CNN 提出了使用感兴趣区域对齐层的方法来取代感兴趣区域池化层。感兴趣区域对齐层可以保留大致的空间位置,最终使得检测精度大为提高。

5.2　HUAWEI AR Engine 中的环境跟踪

　　HUAWEI AR Engine 可跟踪设备周围的光照、平面、图像、物体、环境表面等环境信息,辅助应用实现虚拟物体以场景化的方式逼真地融入现实物理世界。目前,环境跟踪主要包括以下能力:光照估计、平面语义、图像跟踪、环境 Mesh。

1. 光照估计

可跟踪设备周围的光照信息,支持估计环境光的强度。HUAWEI AR Engine 可跟踪设备周围的光线信息,如平均光照强度等。光照估计能力可让虚拟物理融入真实的光照环境中,看起来更加逼真。

2. 平面语义

可检测水平和垂直平面(例如地面或墙面)。HUAWEI AR Engine 可识别到水平和垂直平面(地面或墙面)上的成群特征点,并可识别到平面的边界,应用可使用这些平面来放置需要的虚拟物体。目前可以识别墙面、地面、座位、桌子、天花板、门、窗户、床。

3. 图像跟踪

可识别和跟踪 2D 图像的位置和姿态。HUAWEI AR Engine 提供图像识别与跟踪的能力,检测场景中是否存在用户提供的图像,识别之后输出图像的位置与姿态。通过图像识别与跟踪功能,可实现基于现实世界场景中图像(海报或封面等)的增强现实。用户可提供一组参考图像,当这些图像出现在终端设备的相机视野范围内时,HUAWEI AR Engine 可实时跟踪图像,丰富场景理解及交互体验。

4. 环境 Mesh

可实时计算并输出当前画面中的环境 Mesh 数据,可用于处理虚实遮挡等应用场景。HUAWEI AR Engine 提供实时输出环境 Mesh 能力,输出内容包括终端设备在空间中的位姿,当前相机视角下的三维网格。目前拥有后置深度摄像头的机型支持此能力,且支持的扫描环境为静态场景。通过环境 Mesh 能力,可将虚拟物体放置在任意可重建的曲面上,而不再受限于水平面和垂直面;同时可利用重建的环境 Mesh 实现虚实遮挡和碰撞检测,使得虚拟角色能够准确地知道当前所在的周围三维空间情况,帮助用户实现更好的沉浸式 AR 体验。

5.3 环境跟踪关键 API

5.3.1 关键类

环境跟踪关键类见表 5.1。

表 5.1 环境跟踪关键类总览表

类/接口名称	描述
ARSession	用于管理 HUAWEI AR Engine 的整个运行状态,是 HUAWEI AR Engine 运行的基础
ARTrackable(接口)	被 HUAWEI AR Engine 识别的真实物体信息描述接口类
ARCamera	提供当前相机的信息,该类在引擎内部存在一个持久化对象,每次调用 ARSession.update()时,该对象的值均会被更新
ARCameraConfig	用于查询物理相机的相关配置
ARCameraIntrinsics	用于查询物理相机的离线内参(AR Engine Server 2.10 后可用)
ARConfigBase	所有 ARXXXTrackingConfig 的基类,包含各类设置项的枚举和公有设置项的接口
ARAugmentedImage	用于 2D 图像识别和跟踪时返回被跟踪的图像信息,派生自 ARTrackableBase
ARAugmentedImageDatabase	存储图片数据集,与 2D 图片识别配合使用,采集并保存到图片数据库中的图片越多,可识别的图片也越多
ARFrame	该类是 HUAWEI AR Engine 系统的快照,包含 trackable 对象、点云、深度图等信息,仅由 ARSession.update()创建
ARImage	实现 Android 里面的 Image 类,用于描述 ARFrame 获取到的预览图等 Image 信息,通过此类可以获取图片格式、宽高等信息

续表

类/接口名称	描述
ARLightEstimate	用于表示 HUAWEI AR Engine 对当前环境光照的估计
ARPlane	保存 HUAWEI AR Engine 识别的真实世界中的平面信息,派生自 ARTrackableBase。两个或者多个平面法向量朝向一致,位置靠近时会自动合并到一个父平面中,合并之后每个子平面的 getSubsumedBy() 将返回父平面。被合并的子平面将继续被跟踪和返回
ARSceneMesh	用于环境 Mesh 跟踪时返回跟踪结果的环境识别信息,结果包括 Mesh 顶点坐标、三角形下标等。当前支持 2.5m 以内生成 Mesh,在相机移动的情况下,支持 Mesh 动态刷新

5.3.2 ARSession

ARSession 类用于管理 HUAWEI AR Engine 的整个运行状态,是 HUAWEI AR Engine 运行的基础,启动 ARSession 前,使用 ARSession.configure() 设置相关配置,通过 ARSession 可以实现:

(1) 控制 HUAWEI AR Engine 的启动、暂停、结束等行为。

(2) 更新并获取 HUAWEI AR Engine 内部数据,如锚点、平面、可跟踪对象等。具体见表 5.2。

表 5.2 ARSession 类的 API

方法名	类型	描述
configure(ARConfigBase config)	void	配置 session。由于设备能力差异,在调用该函数后,config 中的启用项 EnableItem 会被 service 尝试修改成设备支持的选项。应用需要在调用此接口后使用 config.getEnableItem() 检查对应的设置项以便获取当前 session 的启用项
pause()	void	暂停 HUAWEI AR Engine,停止相机预览流,不清除平面和锚点数据,释放相机(否则其他应用无法使用相机服务),不会断开与服务端的连接。调用后需要使用 resume() 恢复
resume()	void	开始运行 ARSession,或者在调用 pause() 以后恢复 ARSession 的运行状态

续表

方法名	类型	描述
stop()	void	停止 HUAWEI AR Engine，停止相机预览流，清除平面和锚点数据，并释放相机，终止本次会话。调用后，如果要再次启动，需要新建 ARSession
createAnchor（ARPose pose）	ARAnchor	使用 pose 创建一个持续跟踪的锚点
getAllAnchors()	Collection < ARAnchor >	获取所有锚点，包括 TrackingState 为 PAUSED，TRACKING 和 STOPPED。应用处理时需要仅绘制 TRACKING 状态的锚点，删除 STOPPED 状态的锚点
update()	ARFrame	更新 HUAWEI AR Engine 的计算结果，应用应在需要获取最新的数据时调用此接口，如相机发生移动以后，使用此接口可以获取新的锚点坐标、平面坐标、相机获取的图像帧等。如果 ARConfigBase.UpdateMode 为 BLOCKING，那么该函数会阻塞至有新的帧可用

5.3.3 ARConfigBase

所有 ARXXXTrackingConfig 的基类，包含各类设置项的枚举和公有设置项的接口。这些子类控制了 HUAWEI AR Engine 可使用的功能，具体见表 5.3。

表 5.3 ARConfigBase 类的 API

方法名/子类名	类型	描述
ARWorldTrackingConfig（子类）	ARWorldTrackingConfig	用于运动跟踪时配置 session，只支持环境识别。只能使用后置相机，默认对焦到无穷远
ARBodyTrackingConfig（子类）	ARBodyTrackingConfig	用于人体骨骼跟踪时配置 session，只支持人体识别。默认使用后置相机，默认自动对焦
ARFaceTrackingConfig（子类）	ARFaceTrackingConfig	用于人脸跟踪时配置 session，只支持人脸识别，目前外部输入与内部输入预览流两种方式仅支持前置

续表

方法名/子类名	类型	描述
ARHandTrackingConfig（子类）	ARHandTrackingConfig	用于手势跟踪时配置 session，只支持手势识别。默认使用后置相机，自动对焦模式
ARWorldBodyTrackingConfig（子类）	ARWorldBodyTrackingConfig	用于运动跟踪和人体骨骼跟踪同时运行时配置 session，支持环境识别与人体识别。只能使用后置相机，默认对焦无穷远
getLightingMode()	LightingMode	获取当前的光照估计模式

5.3.4 ARFrame

ARFrame 类是 HUAWEI AR Engine 系统的快照，包含 trackable 对象、点云、深度图等信息，仅由 ARSession.update() 创建。具体见表 5.4。

表 5.4 ARFrame 类的 API

方法名	类型	描述
acquireCameraImage()	Image	在 camera 状态为 tracking 状态下，获取当前帧对应的图像，返回图像格式为 AIMAGE_FORMAT_YUV_420_888，只能在下一次 ARSession.update() 前使用
acquireSceneMesh()	ARSceneMesh	返回当前帧对应的环境 Mesh

5.4 示例程序

华为提供的示例代码已经基本包含所需的环境跟踪，可以通过示例代码熟悉相应的 API。打开 WorldActivity.java：

```java
public class WorldActivity extends Activity {
    private static final String TAG = WorldActivity.class.getSimpleName();
    private static final int MOTIONEVENT_QUEUE_CAPACITY = 2;
    private static final int OPENGLES_VERSION = 2;
    private ARSession mArSession;
```

```java
    private GLSurfaceView mSurfaceView;
    private WorldRenderManager mWorldRenderManager;
    private GestureDetector mGestureDetector;
    private DisplayRotationManager mDisplayRotationManager;
    private ArrayBlockingQueue< GestureEvent > mQueuedSingleTaps = new
ArrayBlockingQueue<>(MOTIONEVENT_QUEUE_CAPACITY);
    private String message = null;
    private boolean isRemindInstall = false;

    @Override
    protected void onCreate(Bundle savedInstanceState) {...}
    private void initGestureDetector() {...}
    private void onGestureEvent(GestureEvent e) {...}
    @Override
    protected void onResume() {...}
    private boolean arEngineAbilityCheck() {...}
    private void setMessageWhenError(Exception catchException){...}
    private void stopArSession(Exception exception) {...}
    @Override
    protected void onPause() {...}
    @Override
    protected void onDestroy() {...}
    @Override
    public void onWindowFocusChanged(boolean isHasFocus) {...}
}
```

属性方面，mArSession 用于管理 AR Engine 的整个生命周期，mWorldRenderManager 用于调用 rendering/WorldRenderManager.Java。

方法方面，onCreate(Bundle savedInstanceState)方法为应用初始化时执行，具体如下。

```java
    protected void onCreate(Bundle savedInstanceState) {
        super.onCreate(savedInstanceState);
        setContentView(R.layout.world_java_activity_main);        //关联 UI 界面
        mSurfaceView = findViewById(R.id.surfaceview);
        mDisplayRotationManager = new DisplayRotationManager(this);
                            //设备旋转管理器,演示程序使用它来适应设备旋转
        initGestureDetector();
        mSurfaceView.setPreserveEGLContextOnPause(true);
        mSurfaceView.setEGLContextClientVersion(OPENGLES_VERSION);
```

```java
        mSurfaceView.setEGLConfigChooser(8, 8, 8, 8, 16, 0);
        mWorldRenderManager = new WorldRenderManager(this, this);
                                    //场景渲染管理以及AREngine运行时逻辑处理
        mWorldRenderManager.setDisplayRotationManage(mDisplayRotationManager);
        mWorldRenderManager.setQueuedSingleTaps(mQueuedSingleTaps);
        mSurfaceView.setRenderer(mWorldRenderManager);
        mSurfaceView.setRenderMode(GLSurfaceView.RENDERMODE_CONTINUOUSLY);
        PermissionManager.checkPermission(this); //获取摄像头权限
    }
```

initGestureDetector()、onGestureEvent(GestureEvent e)为手势动作绑定事件,用于用户交互部分。onPause()用于暂停 AR Engine,暂停后可通过 onResume()恢复;onDestroy()用于停止 AR Engine,停止后无法使用 onResume()恢复,只能重新初始化整个应用。方法 onResume()让 AR Engine 进入运行状态:

```java
@Override
protected void onResume() {
    Log.d(TAG, "onResume");
    super.onResume();
    Exception exception = null;
    message = null;
    if (mArSession == null) {
        try {
            if (!arEngineAbilityCheck()) {
                finish();
                return;
            }
            mArSession = new ARSession(this);
            ARWorldTrackingConfig config = new ARWorldTrackingConfig(mArSession);
            config.setFocusMode(ARConfigBase.FocusMode.AUTO_FOCUS);
            config.setSemanticMode(ARWorldTrackingConfig.SEMANTIC_PLANE);
            mArSession.configure(config);
            mWorldRenderManager.setArSession(mArSession);
        } catch (Exception capturedException) {
            exception = capturedException;
            setMessageWhenError(capturedException);
        }
        if (message != null) {
            stopArSession(exception);
            return;
        }
```

```
    }
    try {
        mArSession.resume();
    } catch (ARCameraNotAvailableException e) {
        Toast.makeText(this, "Camera open failed, please restart the app", Toast.
LENGTH_LONG).show();
        mArSession = null;
        return;
    }
    mDisplayRotationManager.registerDisplayListener();
    mSurfaceView.onResume();
}
```

其中，ARWorldTrackingConfig config = new ARWorldTrackingConfig(mArSession) 设置为应用场景只支持环境识别。而在游戏 Demo 中不仅需要支持环境，还需要支持人体姿态识别，故需改为：

```
ARWorldBodyTrackingConfig config = new ARWorldBodyTrackingConfig(mArSession);
```

注意，需要导入 ARWorldBodyTrackingConfig 包才能调用该类：

```
import com.huawei.hiar.ARWorldBodyTrackingConfig;
```

如此，该应用在此场景下既可以支持环境识别，也可以支持人体姿态识别。读者可将初始页面改回原来的 ChooseActivity.java 页面（具体修改方法见 4.3.3 节），尝试运行不同 ARConfig 下的 Demo（如图 5.4 所示）来体验不同 ARConfig 下的功能。

图 5.4　不同 ARConfig 下的 Demo 演示

目前仅环境识别与人体姿态识别可同时支持，ARFace 与 ARHand 只能单独支持，且 ARXXXConfig 类不可修改，读者需选择合适的 ARConfig。在以后，HUAWEI AR Engine 会将所有功能全部一体化，更加方便开发者进行第三方应用的开发，功能也将更加齐全。

打开 rendering/WorldRenderManager.java：

```java
public class WorldRenderManager implements GLSurfaceView.Renderer {
    private static final String TAG = WorldRenderManager.class.getSimpleName();
    private static final int PROJ_MATRIX_OFFSET = 0;
    private static final float PROJ_MATRIX_NEAR = 0.1f;
    private static final float PROJ_MATRIX_FAR = 100.0f;
    private static final float MATRIX_SCALE_SX = -1.0f;
    private static final float MATRIX_SCALE_SY = -1.0f;
    private static final float[] BLUE_COLORS = new float[] {66.0f, 133.0f, 244.0f, 255.0f};
    private static final float[] GREEN_COLORS = new float[] {66.0f, 133.0f, 244.0f, 255.0f};

    private ARSession mSession;             //由 WorldAcivity.java 传入
    private Activity mActivity;             //由 WorldAcivity.java 传入
    private Context mContext;               //由 WorldAcivity.java 传入
    private TextView mTextView;             //UI,显示帧数
    private TextView mSearchingTextView;    //UI,显示提示
    private int frames = 0;
    private long lastInterval;
    private float fps;                      //帧数

    private TextureDisplay mTextureDisplay = new TextureDisplay();
    private TextDisplay mTextDisplay = new TextDisplay();
    private LabelDisplay mLabelDisplay = new LabelDisplay();
    private ObjectDisplay mObjectDisplay = new ObjectDisplay();    //虚拟模型类
    private DisplayRotationManager mDisplayRotationManager;        //管理虚拟模型的旋转
    private ArrayBlockingQueue<GestureEvent> mQueuedSingleTaps;
    private ArrayList<VirtualObject> mVirtualObjects = new ArrayList<>();
                                                                   //虚拟模型类 List
    private VirtualObject mSelectedObj = null;                     //选中虚拟模型

    //赋值 mContext 与 mActivity,并绑定 UI 组件
    public WorldRenderManager(Activity activity, Context context) {...}
    public void setArSession(ARSession arSession) {...}            //赋值 mSession
    public void setQueuedSingleTaps ( ArrayBlockingQueue < GestureEvent > queuedSingleTaps) {...}
```

```java
        public void setDisplayRotationManage(DisplayRotationManager displayRotationManager) {...}
                                                                           //模型旋转
        @Override
        public void onSurfaceCreated(GL10 gl, EGLConfig config) {...}   //UI 刷新
        //UI 设置
        private void showWorldTypeTextView(final String text, final float positionX, final float positionY) {...}
        @Override
        public void onSurfaceChanged(GL10 unused, int width, int height) {...}    //UI 更新
        @Override
        public void onDrawFrame(GL10 unused) {...}                         //绘制帧
        //绘制虚拟模型
        private void drawAllObjects(float[] projectionMatrix, float[] viewMatrix, float lightPixelIntensity) {...}
        private ArrayList<Bitmap> getPlaneBitmaps() {...}       //更新环境标签
        private Bitmap getPlaneBitmap(int id) {...}
        private void updateMessageData(StringBuilder sb) {...}    //更新 UI 信息
        private float doFpsCalculate() {...}                     //计算 fps
        private void hideLoadingMessage() {...}
        private void handleGestureEvent(ARFrame arFrame, ARCamera arCamera, float[] projectionMatrix, float[] viewMatrix) {...}
        private void doWhenEventTypeDoubleTap(float[] viewMatrix, float[] projectionMatrix, GestureEvent event) {...}
        private void doWhenEventTypeSingleTap(ARHitResult hitResult) {...}
        //操作屏幕
        private ARHitResult hitTest4Result(ARFrame frame, ARCamera camera, MotionEvent event) {...}
        private static float calculateDistanceToPlane(ARPose planePose, ARPose cameraPose) {...}
}
```

属性方面，mTextView 用于 UI 显示帧数 fps，mSearchingTextView 用于显示提示信息。mSession、mActivity、mContext 均由 WorldActivity.java 通过 WorldRenderManager（Activity activity，Context context）和 setArSession（ARSession arSession）方法赋值。mObjectDisplay 为展示的虚拟三维模型类，mVirtualObjects 为场景中三维模型的集合。mSelectedObj 为选中三维模型类，用于交互三维模型。mTextureDisplay、mTextDisplay、mLabelDisplay 用于场景识别后为场景中各物体打上标签。mDisplayRotationManager 用于管理三维虚拟模型的旋转。

方法方面，setDisplayRotationManage（DisplayRotationManager displayRotationManager

用于管理虚拟模型在运行时的旋转,若开发的第三方应用需要在场景内对虚拟模型进行旋转,可调用该类。onSurfaceCreated(GL10 gl, EGLConfig config)方法用于UI的刷新,而 onSurfaceChanged(GL10 unused, int width, int height)则根据目前为横屏状态还是竖屏状态更新UI。onDrawFrame(GL10 unused)用于每帧识别环境并调用其他方法来绘制单帧,可在此方法中处理开发者的逻辑。ARHitResult hitTest4Result(ARFrame frame, ARCamera camera, MotionEvent event)是用于处理用户操作屏幕的方法,包含点击和拖动。其余方法均为绘制UI信息的方法。由 getPlaneBitmaps()可知:

```java
private ArrayList<Bitmap> getPlaneBitmaps() {
    ArrayList<Bitmap> bitmaps = new ArrayList<>();
    bitmaps.add(getPlaneBitmap(R.id.plane_other));
    bitmaps.add(getPlaneBitmap(R.id.plane_wall));
    bitmaps.add(getPlaneBitmap(R.id.plane_floor));
    bitmaps.add(getPlaneBitmap(R.id.plane_seat));
    bitmaps.add(getPlaneBitmap(R.id.plane_table));
    bitmaps.add(getPlaneBitmap(R.id.plane_ceiling));
    bitmaps.add(getPlaneBitmap(R.id.plane_door));
    bitmaps.add(getPlaneBitmap(R.id.plane_window));
    bitmaps.add(getPlaneBitmap(R.id.plane_bed));
    return bitmaps;
}
```

目前,HUAWEI AR Engine对真实世界的理解,支持识别墙体、地面、桌子、座位、天花板、门、窗户、床,如图5.5所示。开发者可依据标签位置开发相应的功能,例如,只能在桌子上放杯子类型的虚拟模型,只能在天花板上放置吊灯类型的模型。

图 5.5　HUAWEI AR Engine 的物体识别功能

小　结

本章介绍了增强现实下的环境跟踪概念及部分与环境跟踪相关的关键技术,包括图像分类、目标定位、物体识别等。然后介绍了 HUAWEI AR Engine 中的环境跟踪技术(光照估计、平面语义、图像跟踪、环境 Mesh),并介绍了 HUAWEI AR Engine 提供的有关环境跟踪的关键 API(ARSession、ARConfigBase、ARFrame)。最后梳理了示例代码的结构及功能,展示了不同 ARConfig 下的 Demo 功能以及识别平面的功能,并集成了 ARBody 的识别功能。本书的示例 Demo 是基于 HUAWEI AR Engine 官方提供的示例代码所开发的,读者在开发前需熟悉示例代码。

习　题

1. 阅读环境跟踪技术相关文献,并做一个综述。
2. 体验不同 ARConfig 下 Demo 功能以及平面识别的功能。
3. 理解平面检测的实现代码,并将平面替换成虚拟三维平面(虚拟墙体替换真实环境的墙体)。

第 6 章　运 动 跟 踪

6.1　简　介

增强现实技术建立在智能设备对周围环境识别与理解的基础上，然后在场景中使用运动跟踪功能。所谓跟踪，一般来说，主要就是对用户视场与视点的跟踪，即确定当前视场中的目标物体及用户视点的位置和朝向，有时也包含交互操作所涉及的动作跟踪。对增强现实场景而言，虚拟物体是对真实物体的补充，所以虚、实物体必须在用户的视觉下协调一致。而人眼对视觉误差极其敏感，即便是很小的配准跟踪误差也很容易被用户的视觉系统察觉。增强现实对跟踪技术有很高的要求，包括准确性、实时性、稳定性、稳健性、可移动性等。优良的运动跟踪技术可以极大地提高增强现实的沉浸感。

在虚拟现实及运动跟踪中，常用的跟踪技术包括机械式、磁传感、电磁波、声学、惯性、光学等多种检测方法，这些方法原则上都可以用于增强现实的跟踪系统，但并不理想。目前增强现实系统使用较多的是光学、惯性、混合法等。混合法采用多种跟踪技术，相互补偿，以提高跟踪系统的整体性能，如磁-光学跟踪、声学-惯性跟踪、光学（视觉）-惯性跟踪等。

运动跟踪算法又分为运动检测和目标跟踪。在静态背景下（摄像机不动，物体移动）的运动检测大致分为三种：背景差分法[1]、帧间差分法[2]和光流法[3]。

---

[1]　背景差分法的基本思想是：首先获得一个背景模型（建立和更新），然后将当前帧与背景模型相减，如果像素差值大于某一阈值，则判断此像素属于运动目标，否则属于背景图像。

[2]　帧间差分法是通过计算相邻两帧图像的差值，获得运动物体位置和状态等信息的运动目标检测方法。

[3]　光流法通过建立光流场（在空间中，运动可以用运动场描述，而在一个图像平面上，物体的运动往往是通过图像序列中灰度分布的不同来体现，这种分布称为光流场）来反映每个像素点的灰度变化趋势，从而看成该像素点在平面上的瞬时速度场，这是一种对真实运动的近似估计。

动态背景下的运动检测较为复杂。在动态背景下,场景中虚拟物体发生/未发生运动,而摄像机在整个过程中发生了变化(平移、旋转、缩放等)。此时则需要对运动目标进行跟踪检测。通常的做法是,查找物体的特征值,通过目标模板匹配从而选定相似的候选区域,通过一些搜索算法对候选区域进行筛选,最终对目标实现跟踪。

6.1.1 SLAM

手持终端(手机或者平板电脑)作为增强现实的硬件平台,允许用户在真实世界中自由行动是一个自然的功能需求。但为了将真实世界与虚拟内容相匹配,一个关键的信息就是必须知道手持终端的实时位置。手持终端的实时位置,既包括该终端在整个世界(地球)的全局坐标,也包括它在一个小环境(如一个房间内)移动的局部坐标。全局坐标可通过"北斗"卫星等全球定位系统获取。卫星定位技术虽然应用广泛,但是在室内以及有遮挡的地方,接收不到卫星信号,所以无法进行定位。局部坐标可以依靠终端自身的传感器计算得到,也可以通过外部布置的传感器辅助得到。

仅依靠自身的传感器(如摄像机、惯性传感单元等)计算手持终端的实时位置是一件有挑战的事情,如果是在一个陌生环境中移动,就会变得更艰巨,这意味着算法需要在"黑暗"中摸索,并记录自己移动的轨迹。这是机器人领域的一个典型问题:即时定位与地图构建(Simultaneous Localization And Mapping,SLAM)。SLAM 问题可以被描述为一个机器人在未知环境中的未知位置,能否通过自己的连续移动,在构建地图的同时,也估计自身在地图中的位置。

几年前扫地机器人的出现使得 SLAM 技术进入人们视野。其实经过多年发展,SLAM 技术已经愈发成熟,在无人驾驶汽车、无人机、增强现实、服务机器人等工业和商用领域有广泛的应用。

6.1.2 常见的 SLAM 系统介绍

根据系统使用的硬件来进行分类,SLAM 系统主要包括激光、RGB、RGB-D 和 IMU。

1. 激光 SLAM

便携式激光测距仪(也称为 LIDAR)是获取平面图的有效方法,实时生成可视化平面图。因此,激光 SLAM 是较早发展起来的 SLAM 技术,在扫地机器人、无人驾驶领域、城市搜索和救援、环境测量等方面有较为广泛的应用。比较经典的激光 SLAM 系统有 Cartographer、Gmapping 和 Hector_SLAM。Cartographer 方法可实现 5cm 分辨率的实时建图和回环优化。为了实现实时循环闭合，该方法使用分支定界方法来计算扫描子图匹配作为约束，此方法在质量方面具有竞争力。Gmapping 根据每个粒子都带有一个单独的环境图 Rao-Blackwellized 粒子滤波器理论，提出了用于粒子滤波器中减少此数量的自适应技术，以学习网格图。Gmapping 依据机器人的运动和最近的观察结果，提出计算准确的分配方法，并选择性执行重采样操作，从而减少了滤波器预测步骤中有关机器人姿势的不确定性和粒子耗尽的问题。Hector_SLAM 结合使用 LIDAR 系统的稳健扫描匹配方法和基于惯性传感的 3D 姿态估计，提出了一种快速在线学习占用网格图的系统，该系统需要较少的计算资源。通过使用地图梯度的快速逼近和多分辨率网格，可以在各种挑战性环境中实现可靠的定位和地图绘制功能。

2. 视觉 SLAM 系统

MonoSLAM 是最早提出的实时单目 SLAM 系统，可以恢复单眼相机的 3D 轨迹，在未知的场景中快速移动。该方法的核心是在概率框架内在线创建稀疏但持久的自然地标地图，使用通用运动模型来平滑相机运动，并对单眼特征初始化和特征方向的估计提出一种解决方法。PTAM 是由 Klein 和 Murray 提出的具有突破性的 SLAM 研究成果，在他们发表的论文中所提出的关键帧选择、特征匹配、三角化、每帧的摄像机定位以及跟踪失败后的重新定位对之后的工作有较大影响。但是，该方法仅限于小规模操作，缺乏闭环和对遮挡的适当处理，需要进行人工干预。SVO 是一种在 2014 年提出的半直接单目视觉测距算法。该算法适用于 GPS 受限的环境中的微型航空器状态估计，并且在嵌入式计算机上以每秒 55 帧的速度运行，在消费类笔记本电脑上以每秒 300 帧的速度运行。SVO 不进行特征匹配，而是直接对像素强度进行操作，从而在高帧速率下产生亚像素精度。该方法同样是用概率方法来估计 3D 点。同年，Jakob Engel 等人提出了一种在 CPU 上实时运行的直接（无特征）SLAM 算法，即 LSD-SLAM。该算法能够获取高精度关键帧的姿势图，且允许实时构建大规模半密集的深度图。此外，该算法可以应对存在巨大变化的场景尺度。

ORB-SLAM 在 2015 年由西班牙学者 Raul Mur-Artal 提出并发表于 *IEEE Transactions on Robotics* 上。该系统在室内室外、大小型环境中基本可以实时运行，对于剧烈运动稳健性较好，在开源数据集上均有较好的表现。ORB-SLAM 是基于特征的代表方法之一，基本包含一个 SLAM 系统所需的步骤，如跟踪、建图、重定位、回环检测等,且系统代码已经开源,代码风格简明规范,适合初学者。ORB-SLAM方法成功的原因之一是它集合并继承了许多优秀成果,在此基础上进行了进一步开发,比如整体架构来源于PTAM,回环检测使用了词袋模型。

此外,Jakob Engel提出了一种新颖的不依赖于关键点检测器或描述符的直接稀疏视觉SLAM,在精度和鲁棒性方面有较大的提升。它将完全直接的概率模型(最小化光度学误差)与所有模型参数的一致联合优化相结合。近些年,由于深度学习方法的流行,将深度学习与SLAM方法进行结合出现了大量成果,如DeepFusion和CNN-SLAM。CNN-SLM基于卷积神经网络(CNN)在深度预测方面的最新进展,优先考虑在单眼SLAM方法趋于失败的图像位置进行深度预测,如沿低纹理区域。单目SLAM的最大局限是无法获取绝对尺度,因此使用基于CNN的深度预测可以估计重建的绝对规模。此外,还可以有效地融合语义标签。

3. RGB-D SLAM

随着Kinect等硬件设备的发展,RGB-D SLAM依据硬件可以获取场景中深度的优势,发展出了一系列的方案,如RGB-D SLAM、RTAB-MAP、ElasticFusion、KinectFusion和Kintinuous。RGB-D SLAM仅使用RGB-D相机可靠地生成高精度的3D地图,可以强大地应对有挑战性的场景,例如快速的摄像机运动和功能较差的环境,同时又足够快地进行在线操作,适用于小型家用机器人(如吸尘器)以及飞行机器人(如直升机)。RTAB-Map是一种基于外观的闭环检测方法,具有内存管理功能,可处理大规模且长期在线操作的SLAM方法。

6.2　HUAWEI AR Engine中的运动跟踪

HUAWEI AR Engine运动跟踪与环境跟踪能力的基础是不断跟踪终端设备的位置和姿态,以及不断改进对现实世界的理解。可持续跟踪设备相对于周围环境的位置和姿态变化轨迹,建立虚拟数字世界和现实物理世界的统一几何空间,为应用提供虚实融合的交互基础平台。目前运动跟踪主要包括以下能力:运动跟踪、命中检测。

1. 运动跟踪

可持续稳定跟踪终端设备的位置和姿态相对于周围环境的变化,同时输出周围环境特征的3D坐标信息。HUAWEI AR Engine主要通过终端设备摄像头标识特征点,并跟踪这些特征点的移动变化,同时将这些点的移动变化与终端设备惯性传感器结合,来不断跟踪终端设备位置和姿态(以下简称标签)。通过将 HUAWEI AR Engine 提供的设备摄像头的位姿与渲染 3D 内容的虚拟摄像机的位姿对齐,可从观察者视角渲染虚拟物体,并可叠加到摄像头图像中,实现虚实融合。

2. 命中检测

用户可通过单击终端设备屏幕选中现实环境中的兴趣点。HUAWEI AR Engine 通过命中检测技术,将终端设备屏幕上的兴趣点映射为现实环境中的兴趣点,并以兴趣点为源点发出一条射线连接到摄像头所在位置,然后返回射线与平面(或特征点)的交点。命中检测能力使用户可与虚拟物体进行交互。

6.3 运动跟踪关键 API

6.3.1 关键类

运动跟踪关键类见表 6.1。

表 6.1 运动跟踪关键类

类	描 述
ARAnchor	存储锚点及其方法
ARHitResult	定义了射线(如以屏幕的点为起点的射线)与真实世界(如点云、平面等)的碰撞交点
ARPoint	表示当前 HUAWEI AR Engine 正在跟踪的空间中的点,派生自 ARTrackableBase。可从 ARFrame.hitTest(float,float)返回的值中提取与点云碰撞点的信息
ARPointCloud	点云类,存储场景中的所有地图点,包含点的位置及其对应的置信度
ARPose	位姿数据类,包含平移向量和旋转向量(四元组)

6.3.2 ARAnchor

锚点是实际环境中一个固定的位置和指定的方向。当环境发生变化时,如摄像头移动,为了维持这个物理空间的固定位置和方向,HUAWEI AR Engine 会根据自己对于环境的检测结果,不断更新它的数值,以做到在该锚点上放置的物体固定不动的效果。

在使用前,开发者应使用 getTrackingState()接口检查锚点的状态。当锚点的状态为 ARTrackable.TrackingState.TRACKING 时,通过 getPose()接口获取的数据才是可用的。具体见表 6.2。

表 6.2　ARAnchor 类的 API

方法名	类型	描述
getTrackingState()	ARTrackable.TrackingState	获取锚点跟踪状态,确定是否跟踪。当且仅当 TrackingSate 为 TRACKING 时,相关的数据才是有效的
detach()	void	用于通知 AR Engine 停止跟踪该锚点,调用该方法后,Anchor 的 TrackingState 变为 STOPPED
getPose()	ARPose	获取锚点在世界坐标系的位置和姿态信息,该 Pose 包含坐标信息供程序调整物体位置,随着实际环境变化,ARPose 的数据也会有所更新。因此,在需要获取最新的 ARPose 数据前,需要先调用 ARSession 里面的 update()方法。当锚点的状态为 TRACKING 时,获取的 ARPose 数据才是有效的
equals(Object obj)	boolean	使用该方法可以比较两个对象是否对应同一个锚点

6.3.3　ARHitResult

ARHitResult 类定义了射线(如以屏幕的点为起点的射线)与真实世界(如点云、平面等)的碰撞交点。具体见表 6.3。

表 6.3　ARHitResult 类的 API

方法名	类型	描述
createAnchor()	ARAnchor	在碰撞命中(用户单击屏幕)位置创建一个新的锚点
getHitPose()	ARPose	获取交点的位姿,其平移向量是交点在世界坐标系的坐标,其旋转分量根据碰撞点的不同类型(与平面的交点、与点云的交点)而有不同的定义。

续表

方法名	类型	描述
getHitPose()	ARPose	(1) 当射线与平面碰撞时，局部坐标系为：X+垂直于射线，平行于跟踪平面；Y+是跟踪平面的法向量，Z+平行于平面，大致指向摄像头。 (2) 当射线与点云中的点碰撞时，系统会尝试用单击区域的点云估计一个平面，如果 getOrientationMode() 接口返回 ESTIMATED_SURFACE_NORMAL，则 X+垂直于射线，平行于跟踪平面，Y+是跟踪平面的法向量，Z+平行于平面，大致指向摄像头，如果返回 INITIALIZED_TO_IDENTITY，则坐标的方向不会随平面的角度发生变化，X+垂直于射线且指向右侧（从设备的角度观察），Y+向上，Z+大致指向摄像头，具体参见朝向模式定义

6.3.4 ARPose

ARPose 类为位姿数据类，包含平移向量和旋转向量（四元组）。

在 HUAWEI AR Engine 中，其用于描述物体从局部坐标系向世界坐标系的转换，局部坐标通过该类的对象转换成世界坐标系下的坐标。

HUAWEI AR Engine 中的世界坐标系是右手坐标系（与 OpenGL 一致），垂直朝上为 Y 轴正方向，X 和 Z 轴在水平面上。该类的对象等价于 OpenGL 中的变换矩阵。具体见表 6.4。

表 6.4 ARPose 类的 API

方法名	类型	描述
getTranslation(float[] dest, int offset)	void	获取平移向量，放入 dest 中，初始偏移为 offset
getRotationQuaternion(float[] dest, int offset)	void	获取旋转四元组，放入 dest 中，初始偏移为 offset。dest 为存放结果的数组，其中的数据存放顺序为 x、y、z、w
getXAxis()	float[]	返回 ARPose 在 X 轴的单位坐标向量，返回的数组长度是 3
getYAxis()	float[]	返回 ARPose 在 Y 轴的单位坐标向量，返回的数组长度是 3
getZAxis()	float[]	返回 ARPose 在 Z 轴的单位坐标向量，返回的数组长度是 3

续表

方法名	类型	描述
qw()	float	获取构造 ARPose 时使用的旋转变量中的 w 分量
qx()	float	获取构造 ARPose 时使用的旋转变量中的 x 分量
qy()	float	获取构造 ARPose 时使用的旋转变量中的 y 分量
qz()	float	获取构造 ARPose 时使用的旋转变量中的 z 分量
tx()	float	获取构造 ARPose 时使用的平移向量 x 分量
ty()	float	获取构造 ARPose 时使用的平移向量 y 分量
tz()	float	获取构造 ARPose 时使用的平移向量 z 分量
makeRotation(float x, float y, float z, float w)	ARPose	根据提供的旋转向量构造 pose,平移向量为 0
makeRotation(float[] quaternion)	ARPose	根据提供的旋转向量构造 pose,平移向量为 0
makeTranslation(float tx, float ty, float tz)	ARPose	根据提供的平移向量构造 pose,旋转向量为 0
makeTranslation(float[] translation)	ARPose	根据提供的平移向量构造 pose,旋转向量为 0

6.4 示 例 程 序

在本书的 Demo 中需要将 AR Engine Demo 自带的 AR 标识模型替换成人像模型。在 huawei-arengine-android-demo\HwAREngineDemo\src\main\assets 目录下新建一个存放.obj 文件的目录 objs。根据 ARBody.getBodyAction()中所预设的 6 种姿态,需准备相应的人像姿态的 obj 文件,如图 6.1 所示。每次单击均从 6 种 obj 文件中随机选择一个生成。

在 world/rendering/ObjectDisplay.java 的 readObject(Context context)方法中,将该方法改为 readObject(Context context,int objNow),且将 Demo 中原来的 AR_logo.obj 标识的路径替换为人像模型的路径。

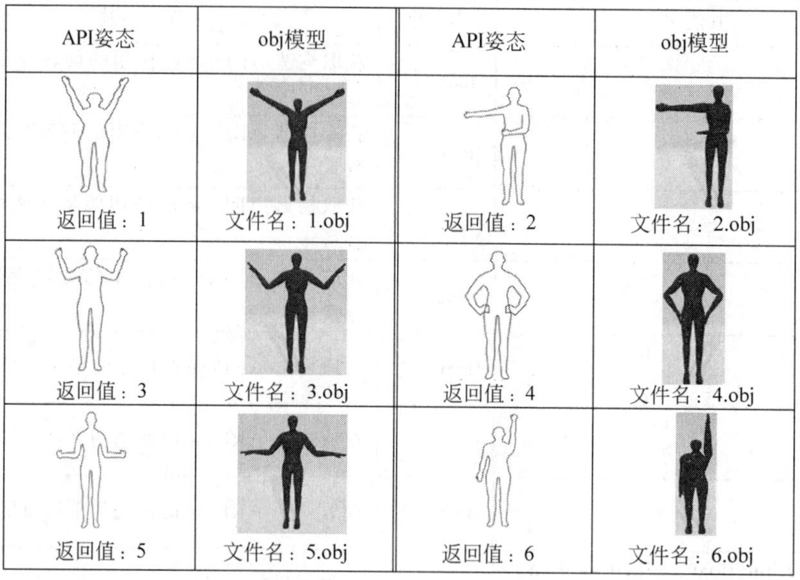

API姿态	obj模型	API姿态	obj模型
返回值：1	文件名：1.obj	返回值：2	文件名：2.obj
返回值：3	文件名：3.obj	返回值：4	文件名：4.obj
返回值：5	文件名：5.obj	返回值：6	文件名：6.obj

图 6.1　姿态与对应模型

```java
private Optional<ObjectData> readObject(Context context, int objNow) {
                                        //objNow 为当前模型的名称
    Obj obj;
    try (InputStream objInputStream = context.getAssets().open("objs/" + objNow +
".obj")) { //替换路径
        obj = ObjReader.read(objInputStream);
        obj = ObjUtils.convertToRenderable(obj);
    } catch (IllegalArgumentException | IOException e) {
        Log.e(TAG, "Get data failed!");
        return Optional.empty();
    }
    ...
}
```

为该方法新增一个参数 objNow，用于标识当前模型的名称，方便后续与场景中真实人像的比较。该方法为读取模型，需在初始化模型中加入相应的参数 objNow。在 world/rendering/ObjectDisplay.java 的 initializeGlObjectData(Context context) 方法中，将其改为 initializeGlObjectData(Context context, int objNow)，为初始化模型添加名称参数 objNow 并传入 readObject(Context context, int objNow) 中。

```java
private void initializeGlObjectData(Context context, int objNow) { //objNow 为需要初始
                                                                   //化模型的名称
    ObjectData objectData = null;
    Optional < ObjectData > objectDataOptional = readObject(context, objNow);
                                                //读取相应的 obj,传入路径
    ...
}
```

同样,在调用 initializeGlObjectData(Context context,int objNow)时也需传入参数 objNow。在 world/rendering/ObjectDisplay.java 的 init(Context context)方法中,将其修改为 init(Context context,int objNow):

```java
void init(Context context, int objNow) {        //传入模型名参数 objNow,该方法为
                                                //VirtualObject 的初始化
    ...
    initializeGlObjectData(context, objNow);    //为初始化模型传入 objNow 参数
    ShaderUtil.checkGlError(TAG, "Init end.");
}
```

至此,VirtualObject 类完成修改,需在 world/rendering/WorldRenderManager.java 的 onSurfaceCreated(GL10 gl,EGLConfig config)中,为新建 VirtualObject 变量传入 objNow 这个变量。

```java
int objNow = -1; //添加全局变量 objNow,方便调用及修改,-1 为初值,即不存在该姿态
@Override
public void onSurfaceCreated(GL10 gl, EGLConfig config) {     //UI 刷新
    ...
    mObjectDisplay.init(mContext, objNow);                    //传入 objNow 参数
}
```

其中,objNow 为 WorldRenderManager.java 的全局变量,方便调用及修改。至此已经完成 obj 模型的读取和显示,接下来需要修改虚拟模型的外观。在 world/VirtualObject.java 中修改虚拟模型的大小(变量 SCALE_FACTOR)、旋转(变量 ROTATION_ANGLE)、颜色(在 init()中调用方法 setColor(float[4])):

```java
public class VirtualObject {
    ...
    /*
     *旋转变量设置为 0,即模型不旋转
```

```
 */
private static final float ROTATION_ANGLE = 0f;        //设置为0,模型不旋转
/*
 * 使用的 obj 模型为正常人大小的 100 倍,为了便于显示,缩小 100 后再缩小一半,故模
 型放大 0.005 倍
 */
private static final float SCALE_FACTOR = 0.005f;
...
private void init() {
    // Set a scaling matrix, in which the elements of the principal diagonal is the
scaling coefficient.
    Matrix.setIdentityM(mModelMatrix, 0);
    mModelMatrix[0] = SCALE_FACTOR;
    mModelMatrix[5] = SCALE_FACTOR;
    mModelMatrix[10] = SCALE_FACTOR;
    setColor(new float[]{245.0f, 183.0f, 155.0f, 255.0f}); //改变颜色,设置为
                                                           //肤色
    // Rotate the camera along the Y axis by a certain angle.
    Matrix.rotateM(mModelMatrix, 0, ROTATION_ANGLE, 0f, 1f, 0f);
}
...
}
```

原 Demo 中设定最多可以同时出现 16 个 AR 标识,而在本书的示例程序中最多出现一个虚拟三维模型。在 world/rendering/WorldRenderManager.java 中修改,使得最多出现一个模型:

```
private void doWhenEventTypeSingleTap(ARHitResult hitResult) {
    if (mVirtualObjects.size() >= 1) {       //修改为1,最多出现一个模型
        mVirtualObjects.get(0).getAnchor().detach();
        mVirtualObjects.remove(0);
    }
    ARTrackable currentTrackable = hitResult.getTrackable();
    if (currentTrackable instanceof ARPoint) {
        mVirtualObjects.add(new VirtualObject(hitResult.createAnchor(), BLUE_
COLORS));
    } else if (currentTrackable instanceof ARPlane) {
        _ChangeObj();       //随机生成模型,第一次生成或用户主动跳过当前模型
        mVirtualObjects.add(new VirtualObject(hitResult.createAnchor(), GREEN_
COLORS));
    }
    else {
        Log.i(TAG, "Hit result is not plane or point.");
    }
}
```

并使得每次生成的模型都为随机不重复,在 world/rendering/WorldRenderManager.java 中新建一个方法 _ChangeObj():

```
int[] objs = {1,2,3,4,5,6};        //存储模型名称,最终生成的模型为(objNow + 1).obj
int objsLength = 6;                //模型数量

private void _ChangeObj(){         //随机修改三维模型
    int objNow2 = objNow;          //记录当前模型名称
    while (objNow == objNow2){     //当新生成的随机数与当前模型一致,则重新生成一个
                                   //随机数
        objNow = new Random().nextInt(6);    //随机 0 - 5
    }
    mObjectDisplay.init(mContext,objs[objNow]);   //生成模型
}
```

其中,objs[6]和 objsLength 为全局变量,由于使用了随机函数 Random(),需要导入相应的库:

```
import java.util.Random;           //导入随机函数所需要的包
```

运行 Demo,用户可通过单击地面随机生成 6 种模型中的某一种,如图 6.2(a)~图 6.2(c)所示,并且可对模型运动跟踪(相机运动),实现 360°全视角观察。例如,图 6.2(d)为图 6.2(c)的背部。

图 6.2 随机生成不同的模型并跟踪

小　　结

本章介绍了增强现实下的运动跟踪概念及常见的跟踪技术，包括跟踪方式、跟踪算法等。然后介绍了 HUAWEI AR Engine 中的运动跟踪技术（运动跟踪、命中检测），并介绍了 HUAWEI AR Engine 提供的有关运动跟踪的关键 API（ARAnchor、ARHitResult、ARPose）。最后，一步步指导读者修改 HUAWEI AR Engine 官方提供的示例代码，让单击后出现的虚拟物体从 AR 标识物体变为虚拟三维人像模型。

习　　题

1. 阅读运动跟踪技术相关文献，并做一个综述。
2. 学习示例程序，替换单击后的虚拟三维模型并展示。
3. 根据示例程序及自己的开发知识，将单击后出现的静态三维虚拟模型替换为动态的三维虚拟模型。

第 7 章　人体和人脸跟踪

7.1　简　　介

在增强现实系统中加入对人的理解，不仅可以提高系统交互的多样性，还可以提高系统的趣味性、可玩性。人体和人脸跟踪分为三种跟踪：人体姿态跟踪、手部跟踪、人脸跟踪。

人体动作姿态识别是计算机视觉研究领域中最具挑战性的研究方向之一，也是当前的研究热点。对人体动作姿态进行自动识别，将带来一种全新的人机交互方式，通过身体语言即人体的姿态和动作来传达用户的意思。在增强现实的场景下，和手势一样，准确识别动作姿态能够作为一种新的人机交互方式，具有广泛的应用前景。

手势识别是指通过算法来识别人类的手势。在增强现实的硬件中，常用的一种交互方式就是让用户通过手势识别实现与设备的交互。手势识别的核心技术包括手势分割、手势分析以及手势识别。手势分割用于将手势信息从场景信息中分离出来。手势分析的结果是手的形状特征或运动轨迹。根据获取的形状特征和运动轨迹，可以分析手势所表达的意思。手势识别是对手势分析获得的模型数据进行类别划分的过程。

人脸跟踪是基于人的脸部特征信息进行识别跟踪的一种生物识别技术，通常采用摄像机或摄像头采集含有人脸的图像或视频流，并自动检测和跟踪人脸。人脸跟踪是目前最热门的 AR 技术之一，常用于美图、小视频、直播等。基于人脸的基础计算及跟踪算法可以实现包括但不限于人脸检测、人脸识别、人脸关键点检测、视线追踪、眨眼测试。

7.1.1 人体姿态跟踪

姿态识别是确定某一三维目标物体的方位指向的问题,其在机器人视觉、动作跟踪和单照相机定标等很多领域都有应用。人体姿态识别可以通俗地理解为对人体关键点的定位问题,这一直以来都是计算机视觉领域的重要关注点。此问题存在一些常见的挑战,如各式各样的关节姿态、小得难以看见的关节点、被遮挡的关节点、需要根据上下文判断的关节点。

人体姿态识别可以用于检测一个人是否摔倒,或者用于健身、体育和舞蹈等的自动教学,或者用于安保领域的行为监控。一个很好的应用就是抖音的尬舞机。在增强现实领域,姿态估计的一个很好的可视化例子是 iPhone X 上的 3D 动画表情 Animoji。它使用面部识别传感器来检测用户面部表情变化,同时用话筒记录用户的声音,并最终生成可爱的 3D 动画表情符号,用户可以通过 iMessage 与朋友分享表情符号。虽然在 Animoji 中只是跟踪了人脸的结构,但这个技术可以被扩展到人体关键点上,用于生成渲染增强现实(AR)元素,使其能够模仿人的运动。

人体骨架是以图形的形式对一个人的方位所进行的描述。本质上,骨架是一组坐标点,可以连接起来以描述该人的位姿。骨架中的每一个坐标点称为一个"部分"(或关节、关键点)。两个部分之间的有效连接线称为一个"对"(或肢体)。注意,不是所有部分之间的两两连接都能组成有效肢体,如肩膀关键点和膝盖关键点就不应该连接在一起。

根据图像中人的数量,姿态识别可以分为单人姿态识别和多人姿态识别。无论哪一类姿态识别,其核心思路都是以下两种。

自顶向下的方法:首先使用一个人体检测器,再进一步识别每一个被检测出的人体关节,进而估计出每个人的姿态。代表方法有 AlphaPose。

自底向上的方法:首先检测出图像中所有的关节,然后将检测出的关节进行连接,最终识别出每个人的关节。代表方法有 OpenPose。

OpenPose(如图 7.1 所示)采用自底向上的方式,首先检测出图像中所有人的关节,然后将检测出的关节划分到相应的人并连接。OpenPose 首先使用 VGG-19 进行图像特征的提取。然后提取出的特征被传递给两个平行的卷积层,上面的卷积层用来预测人体的关节,得到 18 个关节置信图;下面的卷积层预测关节之间的连接程度,产生一个包含 38 个关节仿射场的集合。如此循环多次进行优化,得出最终的关节置信

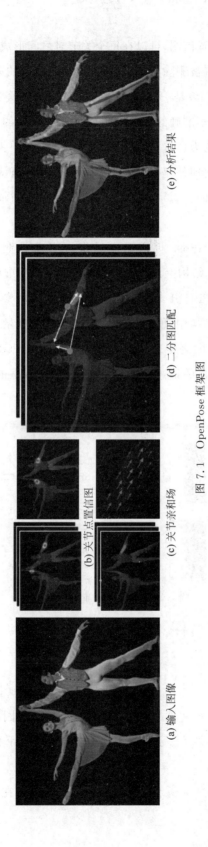

图 7.1 OpenPose 框架图

图和关节仿射场。使用关节置信图,可以在每个关节对之间形成二分图。通过关节仿射场,二分图里较弱的连接将被删除,最终便可以得出每个人的姿态识别结果。

AlphaPose(如图 7.2 所示)是一种比较流行的自顶向下姿态识别方式。目标是即使在第一步中检测到的是不准确的区域框也能检测出正确的姿态。在之前的姿态识别方法中,出现的主要问题为位置识别错误和识别冗余。单人姿态估计(SPPE)对于区域框错误是非常敏感的,即使是使用 IoU>0.5 的边界框认为是正确的,检测到的人体姿态依然可能是错误的。识别冗余是指多个边界框选中同一个人,结果为一个人生成了多副骨架。

为了解决该问题,AlphaPose 提出了区域多人姿态检测(RMPE)框架,提升 SPPE-based 性能。在 SPPE 结构上添加 SDTN,能够在不精准的区域框中提取到高质量的人体区域。并行的 SPPE 分支来优化自身网络。使用参数化姿态非最大抑制来解决冗余检测问题,在该结构中,使用了自研的姿态距离度量方案比较姿态之间的相似度。用数据驱动的方法优化姿态距离参数。最后使用 PGPG 来强化训练数据,通过学习输出结果中不同姿态的描述信息,来模仿人体区域框的生成过程,进一步产生一个更大的训练集。

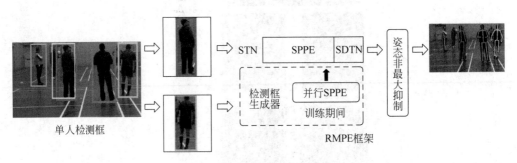

图 7.2　AlphaPose 框架图

7.1.2　手部跟踪

手势识别是指通过算法来识别人类的手势,一般用来识别手部的运动。用户可以通过手势识别实现与设备的交互。手势识别的核心技术包括手势分割、手势分析以及手势识别。

手势分割用于将手势信息从场景信息中分离出来。因为在采集手势信息的时候必然也会收集到场景信息。手势分割的效果直接影响着手势分析以及手势识别的结果。传统的手势分割方法主要有基于轮廓的分割(利用手的拓扑结构特征对手进行分割)、基于运动的分割(通过当前帧与前一帧图像的差分运算来检测手势)、基于肤色的分割(利用手部肤色和背景在肤色模型的差异来实现手的分割,受复杂环境光源的影响较大)。

手势分析的结果是手的形状特征或运动轨迹。根据获取的形状特征和运动轨迹可以分析手势所表达的意思。手势分析的常用方法有：边缘轮廓提取法(利用手形独特的外形与其他物体进行区分)、质心手指等多特征结合法(结合手的多种物理特征来对手势进行分析)、指关节式跟踪法(通过对手部进行建模,并对关节点进行跟踪以记录位置变化,主要用于动态轨迹跟踪)等。

手势识别是对手势分析获得的模型数据进行类别划分的过程,分为静态手势识别和动态手势识别。常见的手势识别方法有模板匹配法和隐马尔可夫模型法。

1. 模板匹配法

将手势的变化分解成多个手势图像组成的序列,然后将该序列与已有的手势模板序列进行比较,从中找出匹配的手势。

2. 隐马尔可夫模型法

隐马尔可夫模型法是一种统计模型,用隐马尔可夫建模的系统具有双重随机过程,其包括状态转移和观察值输出的随机过程。其中,状态转移的随机过程是隐性的,其通过观察序列的随机过程所表现。

手势识别技术分为三个类别：二维手形识别、二维手势识别、三维手势识别。

1. 二维手形识别

二维手形识别又称为静态二维手势识别,它的识别结果是手所处的状态,而不是手所进行的动作,如摊开的手掌、握紧的拳头等,识别结果都是一些简单的手势动作。

二维手形识别通过计算机视觉技术对图像进行分析,然后和已有的图像进行比对,从而找出匹配的手势。因此,二维手形识别技术只能识别预设的手势,拓展性差,控制感弱,只能实现一些简单的手势交互。

2. 二维手势识别

二维手势识别又称为动态二维手势识别,相比于二维手形识别引入了动态特征,它不仅可以识别简单的手形,还可以识别出一些简单的手势动作,如挥手、松握等。二维手势识别技术将手势识别真正拓展到了二维平面,但依旧不含深度信息。

该技术需要先进的计算机视觉算法的支持,但相比于二维手形识别,对硬件的需求没有明显提升。二维手势识别对动态特征的引入允许用户进行更加多样的人机交互,大大提高了用户体验。

3. 三维手势识别

三维手势识别增加了深度信息,可以识别各种手形、手势和动作。而深度信息的获取需要特别的硬件帮助。当前主流的硬件实现方式有三种:结构光、光飞时间和多角度成像。

根据单张图像来进行三维手势和姿态估计是移动端增强现实的一个重要途径。该工作的目标是从单张 RGB 图像中估计出完整的 3D 手部形状和姿态。当前对单张 RGB 图像进行手部三维分析的方法主要是通过估计手部关键点的三维位置,但是这种方式是无法充分表达手部的三维形状的。因此,GE L 等人提出了一种基于 GCN 的方法来重建一个包含更丰富的手部三维形状和位姿信息的手部表面的三维网格。为了进行全监督的网络训练,该项工作还创建了一个包含真实的三维网格和三维手势姿态信息的大规模合成数据集。由于合成数据集所训练的模型难以适应真实世界,该方法还可以利用深度图进行弱监督学习来对网络进行微调。通过在多个数据集上的评估表明该方法可以生成准确的三维手部网格并可以实现高精度的手势识别。

空中手互动在 AR 系统中很常见。由于 AR HMD 的交互跟踪区域有限,因此在交互过程中,尤其是在动态任务中,用户很容易将手移动到此跟踪区域之外。最近一项研究探索了用于边界意识的视觉技术。首先确定在没有任何边界意识信息的情况下用户在交互过程中面临的挑战。然后提出了四种边界提示方法,并在没有边界提示的情况下作为基线条件对其进行了评估。结果显示,提供边界提示的方法有助于空中动态互动。

7.1.3 人脸跟踪

人的脸上有眼睛、鼻子、嘴巴等面部器官,而且这些面部器官的基本特征是固定的,眼睛之间的距离、鼻子的大小、嘴唇的形状都可以用来识别人脸的特征。主流的人脸跟踪技术均是基于特征的方法。人脸跟踪技术正式从实验走向应用的里程碑是 Viola 算法的提出。该算法有以下三个核心。

(1) 通过级联的方式将单个分类器组合成级联分类器,快速丢弃非人脸区域,留下可能存在人脸的区域。

(2) 提出了"积分图"的概念,该图可快速计算出分类器所需的 Haar 特征。

(3) 通过基于 AdaBoost(Adaptive Boosting)的训练算法,从大量的特征集中选择出最关键的 Haar 特征,生成高效的分类器。

该人脸检测算法可达到 15fps 的速率,可以满足实时性,且有较高的检测率,因此在实际应用中运用很多,后续很多算法也是基于该算法进行的优化。

7.2　HUAWEI AR Engine 中的人体和人脸跟踪

HUAWEI AR Engine 使用户的终端设备具备了对人的理解能力,可以跟踪人脸、人体、手势等实时信息,以辅助用户的应用实现人与虚拟物体交互的能力。目前,人体和人脸跟踪主要包括以下能力:手势识别、手部骨骼跟踪、人体姿态识别、人体 Mask、人脸表情跟踪、人脸 Mesh、人脸健康检测。

1. 手势识别

可识别特定的手势和特定的动作。HUAWEI AR Engine 提供多种特定手势的识别,输出识别到的手势类别结果并给出手掌检测框屏幕坐标,左手和右手均可支持。当图像中出现多只手时,只反馈单手(最清晰且置信度最高)识别结果和坐标信息。支持前后置相机切换。通过手势识别能力,可将虚拟物体叠加到人的手部位置,并根据不同的手势变化来激活某些状态的切换,这可给 AR 应用提供基础的交互功能并增加新的玩法。

2. 手部骨骼跟踪

可识别和跟踪 21 个手部关节点的位置和姿态,形成手部骨骼模型,并可分辨左、右手。HUAWEI AR Engine 提供单手关节点和骨骼识别能力,输出手指端点、手部骨骼等手部高级特征。通过手部骨骼识别能力,用户可将虚拟物体叠加到更为精确的手部位置,如手指尖、手掌心等;利用手部骨骼,可驱动虚拟手做出更为丰富和精细的操控,这可给 AR 应用提供增强的交互功能和难以置信的新奇玩法。

3. 人体姿态识别

可识别和跟踪 23 个身体骨骼点的 2D 位置(或 15 个骨骼点的 3D 位置),支持单人和双人。HUAWEI AR Engine 提供单人和双人的身体关节点识别能力。支持 2D

骨骼（屏幕坐标系）和 3D 骨骼（与 SLAM 结合的空间坐标系）的输出，支持前后置相机切换。通过人体骨骼识别能力，可将虚拟物体叠加到人体的指定部位，如左肩、右脚踝等；利用人体骨骼，可驱动虚拟人偶做出更为丰富和精细的操控，这可给 AR 应用提供大范围的交互功能和难以置信的新奇玩法。

4．人体 Mask

可识别和跟踪当前画面人体所在区域，并提供该区域的深度信息。HUAWEI AR Engine 提供单人或双人身体轮廓的识别和跟踪能力，实时输出人体轮廓 Mask 信息和对应的骨骼点信息。通过人体轮廓跟踪能力，可利用人体的轮廓 Mask 信息对虚拟物体和场景进行遮蔽。比如在 AR 拍照时更换虚拟背景、让虚拟玩偶躲到人身后等，都可使用 Mask 能力来实现更为自然的遮挡效果，这可进一步提升 AR 应用的真实感和观看体验。

5．人脸表情跟踪

可实时计算人脸的位姿及各表情对应的参数值，可用于人脸表情直接控制虚拟形象的表情。HUAWEI AR Engine 提供人脸表情跟踪的能力，跟踪获取人脸图像信息，实时将其理解成人脸表情内容，并转换成各种表情参数。利用表情参数可控制虚拟形象的表情展现。HUAWEI AR Engine 提供的表情种类为 64 种，包含眼睛、眉毛、眼球、嘴巴、舌头等主要脸部器官的表情动作。

6．人脸 Mesh

可实时计算人脸的位姿及 Mesh 模型数据，Mesh 模型数据实时跟随人脸变形和运动。HUAWEI AR Engine 提供高精度人脸 Mesh 建模及跟踪能力，在获取人脸图像信息后，实时建立逼真的 Mesh 模型。Mesh 模型随着人脸的移动变形发生相应的位置和形状变化，达到实时精确随动的效果。HUAWEI AR Engine 提供四千多个顶点、七千多个三角形面片的 Mesh，能精细勾勒脸部轮廓，增强体验效果。

7．人脸健康检测

实时计算人脸健康信息，同时计算人体关键健康信息（如心率等）。HUAWEI AR Engine 提供人体健康检测的能力，包括心率、呼吸率、面部健康状态、心率波形图信号等健康信息。

7.3 人体和人脸跟踪关键 API

7.3.1 关键类

人体与人脸跟踪关键类见表 7.1。

表 7.1 人体与人脸跟踪关键类

类	描述
ARBody	用于人体骨骼跟踪时返回跟踪结果，包含人体骨骼数据，派生自 ARTrackableBase
ARFace	用于人脸跟踪时返回人脸跟踪的结果，包含人脸位置、姿态、拓扑和微表情，派生自 ARTrackableBase
ARFaceBlendShapes	用于描述微表情，包含若干个表情参数
ARFaceGeometry	用于描述人脸拓扑结构，即人脸 Mesh
ARHand	用于人体手部跟踪时返回跟踪结果，包含手部骨骼数据和手势识别结果，派生自 ARTrackableBase

7.3.2 ARBody

ARBody 类用于人体骨骼跟踪时返回跟踪结果，包含人体骨骼数据，派生自 ARTrackableBase。如需启用 AR Engine 中实时监测人体的功能，则 ARSession.configure() 中需传入 ARBodyTrackingConfig 或者 ARWorldBodyTrackingConfig。

HUAWEI AR Engine 默认配置可同时识别两个人体，将始终返回两个 body 对象，应用需要根据对象上的 getTrackingState() 的返回值判断该对象是否有效。当且仅当 getTrackingState() 返回值为 ARTrackable.TrackingState.TRACKING 时，识别到的人体才有效。

以器件为基础的 3D 类型 Body 跟踪（如支持 TOF，getCoordinateSystemType() 返回的结果是 COORDINATE_SYSTEM_TYPE_3D_CAMERA），使用 setPowerMode() 设置功耗模式以后，会影响相机输出帧率，普通模式为 30fps，省电模式为 20fps，超级省电模式为 15fps。具体见表 7.2。

表 7.2 ARBody 类的 API

方法名	类型	描述
getBodyAction()	int	获取人体静态姿态类型,共包含 6 种预设的静态姿态
getBodySkeletonType()	ARBodySkeletonType[]	获取人体骨骼点关节点类型的数组。如头、颈、左肩、右肩等
getSkeletonPoint2D()	float[]	获取人体关节点的 2D 图像坐标数据,以屏幕中心点为原点
getSkeletonPoint3D()	float[]	获取人体关节点的 3D 坐标数据
getMaskConfidence()	FloatBuffer	获取人体遮罩的置信度,在 ARSession 中设置启用了 MASK 选项的 config 时有效 一个人体遮罩的置信度意味着某个像素是否属于人体部位的概率。如果置信度高,则意味着这个像素属于人体部位的概率高。每一位值取 0~1

7.3.3 ARFace

ARFace 类用于人脸跟踪时返回人脸跟踪的结果,包含人脸位置、姿态、拓扑和微表情及健康检测,派生自 ARTrackableBase。具体见表 7.3。

表 7.3 ARFace 类的 API

方法名	类型	描述
getFaceBlendShapes()	ARFaceBlendShapes	获取人脸微表情
getFaceGeometry()	ARFaceGeometry	获取人脸 Mesh
getPose()	ARPose	获取人脸 Mesh 中心的位姿,该位姿在相机坐标系空间,使用右手坐标系,坐标原点位于鼻尖后,X+向左,Y+向上,Z+以人脸为参照物,由里向外
getHealthParameters()	HashMap	获取所有健康相关参数,格式为<参数类型,对应的值>:HashMap < HealthParameter, Float >
getHealthParameterCount()	int	获取识别到的健康参数个数,包含健康检测进度和检测状态

7.3.4 ARHand

ARHand类用于人体手部跟踪时返回跟踪结果,包含手部骨骼数据和手势识别结果,派生自ARTrackableBase。

应用需要根据该对象上的 TrackingState 对数据进行处理。当且仅当 TrackingState 为 TRACKING 时,对象上的数据才有效。

对于3D类型的Hand跟踪(如支持3D结构光,getSkeletonCoordinateSystem()返回的结果是 COORDINATE_SYSTEM_TYPE_3D_CAMERA),使用 setPowerMode()设置功耗模式以后,会影响相机输出帧率,普通模式为25fps,超级省电模式为15fps。具体见表7.4。

表7.4 ARHand类的API

方法名	类型	描述
getGestureType()	int	获取手势类型,根据是否开启深度流,可支持不同的静态手势识别
getGestureCenter()	float[]	获取手部中心点坐标,返回值格式为[x,y,0]。该点为手部矩形包围框的中心坐标
getHandskeletonArray()	float[]	获取手部关节点坐标数据。数据格式为[x0,y0,z0,x1,y1,z1,…],获取数据在getSkeletonCoordinateSystem()坐标系下,不同的坐标系的渲染参数不同。若skeletonType为getHandskeletonTypes()的返回值,则[x0,y0,z0]为skeletonType[0]对应的数据,以此类推
getHandType()	ARHandType	获取手的类型,可为左手、右手或未知(不支持识别左右手)
getGestureHandBo()	float[]	获取包裹手部的矩形包围框,返回值的格式为[x0,y0,0,x1,y1,0]。(x0,y0)为矩形的左上角,(x1,y1)为矩形的右下角,x/y基于OpenGL NDC坐标系

7.4 示例程序

本章将人体跟踪能力集成到Demo中,若场景中出现的真人姿势和当前虚拟人物模型动作一致(见图6.1)并保持3s,手机振动(提示音)并随机重新生成一个虚拟人物模型。

在使用 ARBody 之前,需要将 body3d/rendering/BodyRelatedDisplay.java(此为接口)复制到 world/rendering 目录下,并修改包名,打开 world/rendering/BodyRelatedDisplay.java:

```java
package com.huawei.arengine.demos.java.world.rendering;   //修改包名,为world/
                                                          //rendering下

import com.huawei.hiar.ARBody;
import java.util.Collection;
interface BodyRelatedDisplay {...}
```

打开 world/rendering/WorldRenderManager.java 文件,开始调用 ARBody 类及其方法,先导入 ARBody 包:

```java
import com.huawei.hiar.ARBody;
```

添加全局变量 mBodyRelatedDisplays 用于存储人像信息,添加 timeFlag 用于记录真人与虚拟人动作匹配时的第一帧的时间戳:

```java
//声明表 mBodyRelatedDisplays
private ArrayList<BodyRelatedDisplay> mBodyRelatedDisplays = new ArrayList<>();
long timeFlag = 0;          //记录第一帧动作匹配的时间戳
```

在 onSurfaceCreated(GL10 gl, EGLConfig config)方法中初始化人体渲染相关的类:

```java
@Override
public void onSurfaceCreated(GL10 gl, EGLConfig config) {           //UI刷新
    // Set the window color.
    GLES20.glClearColor(0.1f, 0.1f, 0.1f, 1.0f);
    for(BodyRelatedDisplay bodyRelatedDisplay : mBodyRelatedDisplays) {
                                                                    //初始化渲染类
        bodyRelatedDisplay.init();
    }
    mTextureDisplay.init();
    mTextDisplay.setListener(new TextDisplay.OnTextInfoChangeListener() {
        @Override
        public void textInfoChanged(String text, float positionX, float positionY) {
            showWorldTypeTextView(text, positionX, positionY);
        }
    });
    mLabelDisplay.init(getPlaneBitmaps());
    mObjectDisplay.init(mContext,objNow);                           //传入 objNow 参数
}
```

在 onDrawFrame(GL10 unused)方法中采集人像并处理逻辑,匹配完成后期望对玩家进行反馈(振动、提示音):

```java
@Override
public void onDrawFrame(GL10 unused) {                    //绘制帧
    ...
    try {
        ...
        /*
         * 接收人像数据,需 import java.util.Collection;
         */
        Collection<ARBody> bodies = mSession.getAllTrackables(ARBody.class);
        if (bodies.size() == 0) {
            mTextDisplay.onDrawFrame(null);
            return;
        }
        for (ARBody body : bodies) {     //分析人像数据,最多两人,bodies.size()永远为2
            if (body.getTrackingState() != ARTrackable.TrackingState.TRACKING) {
                continue;
            }
            if (body.getBodyAction() == objs[objNow] && timeFlag == 0) {
                                                         //初次动作正确记录时间戳
                timeFlag = System.currentTimeMillis();   //记录当前时间戳
            } else if (body.getBodyAction() == objs[objNow] && (System.currentTimeMillis() - timeFlag) / 1000 >= 3) {
                //动作坚持3秒即算成功
                /*系统提示音,若是手机振动或静音则不发声*/
                Uri notification = RingtoneManager.getDefaultUri(RingtoneManager.TYPE_NOTIFICATION);
                Ringtone r = RingtoneManager.getRingtone(mContext, notification);
                r.play();
                /*振动,振动时间0.1s,振动强度(1~255)为10*/
                Vibrator vibrator = (Vibrator) mContext.getSystemService(Service.VIBRATOR_SERVICE);
                vibrator.vibrate(VibrationEffect.createOneShot(100, 10));
                _ChangeObj();                //完成一组动作,随机选择下一组模型
                timeFlag = 0;                //时间戳重置
            }
            if(body.getBodyAction() != objs[objNow]){    //动作不同,时间戳重置为0
                timeFlag = 0;
            }
        }
```

```
            drawAllObjects(projectionMatrix, viewMatrix, lightPixelIntensity);
        }
    catch(ArDemoRuntimeException e) {
        Log.e(TAG, "Exception on the ArDemoRuntimeException!");
    } catch(Throwable t) {
        // This prevents the app from crashing due to unhandled exceptions.
        Log.e(TAG, "Exception on the OpenGL thread: ", t);
    }
}
```

需要注意的是,当手机处于振动模式或者静音模式下,提示音不会发出,只有在响铃模式下,提示音才有效。而振动功能由于部分机型的摄像机设计了 AI 防抖导致振动功能被禁止,可能不会在使用过程中发生振动。振动需要权限,在 main/AndroidManifest.xml 中添加振动的权限:

```
< uses - permission android:name = "android.permission.VIBRATE" />
```

至此,已经完成了 AR Engine 下 ARBody 的使用,运行结果如图 7.3 所示。游戏 Demo 剩余 UI 及逻辑将在第 8 章介绍。

图 7.3　ARBody 集成结果

小　结

本章介绍了增强现实下的人体和人脸跟踪概念及常见的跟踪技术,包括人体姿态跟踪、手部跟踪、人脸跟踪。然后介绍了 HUAWEI AR Engine 中的人体和人脸跟踪(手势识别、手部骨骼跟踪、人体姿态识别、人体 Mask、人脸表情跟踪、人脸 Mesh、人脸健康检测),并陈列了 HUAWEI AR Engine 提供的有关人体和人脸跟踪的关键API(ARBody、ARFace、ARHand)。最后,一步步指导读者修改示例代码,让应用识别场景中人像的姿势,将其与虚拟三维模型的姿势进行匹配。

习　题

1. 阅读人体和人脸跟踪技术相关文献,并做一个综述。
2. 学习示例程序,集成场景中真实人像与虚拟三维人像姿势的匹配。
3. 根据示例程序及自己的开发知识,实现虚拟三维人像实时复刻真实人像的姿势,即虚拟人像随着真实人像姿势的变化而不断变化。

第 8 章　完整应用集成

8.1　简　　介

至第 7 章完成,我们已经有了随机渲染一组模型的功能,并且可以判断场景中人像的姿态与虚拟模型是否相同。至此,有关 AR Engine 的开发部分已经基本介绍完毕,本章将完善游戏 Demo 剩余部分,涉及 Android 开发知识。

8.2　运行时的 UI 及逻辑

我们的游戏 Demo 还需玩家在第一次单击地面,出现模型后,开始倒计时并实时显示分数,故需要显示 UI,打开 res/layout/world_java_activity_main.xml,新增两个组件:

```xml
<RelativeLayout
    ...
    <!-- 显示时间 -->
    <TextView
        android:id = "@ + id/time"
        ...
        android:visibility = "gone"/>
    <!-- 显示分数 -->
    <TextView
        android:id = "@ + id/score"
        ...
        android:visibility = "gone"/>
</RelativeLayout>
```

新增了两个 TextView 组件，用于实时显示倒计时及分数，可见性设为 gone，即在游戏开始时再显示。可将组件的可见性设为 visible，查看 UI 草图，见图 8.1(a)。

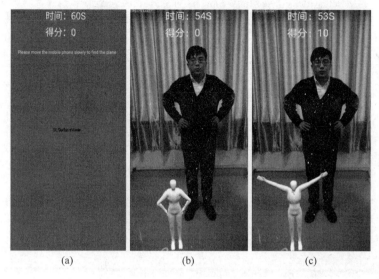

图 8.1 Demo 的 UI 设计

接下来，需要在 UI 上实时显示这两个组件。用户在第一次单击地面生成虚拟人物模型后，游戏即开始，时间从 60s 开始倒计时，分数从 0 开始计分。

打开 world/rendering/WorldRenderManager.java，关联 UI 组件并定义计时、计分需要的变量：

```
int score = 0;                              //变量，计分
int time = 60;                              //变量，游戏总时间，共计 60s
long timeStart;                             //变量，游戏开始时间戳
private TextView timeTextView;              //时间显示 UI 组件
private TextView scoreTextView;             //变量，分数显示 UI 组件
public WorldRenderManager(Activity activity, Context context) {
    ...
    timeTextView = activity.findViewById(R.id.time);     //关联显示时间 UI 组件
    scoreTextView = activity.findViewById(R.id.score);   //关联显示分时 UI 组件
}
```

初次单击地面，游戏开始，显示模型、时间、分数 UI。值得注意的是，改变模型有两种情况：玩家跳过当前动作（用户再次单击地面视为跳过当前动作，包括初次单击）、玩家完成当前动作。故需要对随机生成模型的接口 _ChangeObj() 添加一个传入

参数用于区分两种情况,这里将传入参数 0 视为玩家跳过当前动作,将传入参数 1 视为玩家完成当前动作。

```java
private void doWhenEventTypeSingleTap(ARHitResult hitResult) {
    ...
    if (currentTrackable instanceof ARPoint) {
        mVirtualObjects.add(new VirtualObject(hitResult.createAnchor(), BLUE_COLORS));
    } else if (currentTrackable instanceof ARPlane) {
        if(objNow == -1){                                  //开始游戏
            timeTextView.setVisibility(View.VISIBLE);      //显示倒计时
            scoreTextView.setVisibility(View.VISIBLE);     //显示分数
            timeStart = System.currentTimeMillis();        //记录开始游戏时间戳
        }
        _ChangeObj(0);  //随机生成模型,第一次生成或用户主动跳过当前模型,传参0
        mVirtualObjects.add(new VirtualObject(hitResult.createAnchor(), GREEN_COLORS));
    } else {
        Log.i(TAG, "Hit result is not plane or point.");
    }
}
```

赋予接口_ChangeObj()参数 f,变更为_ChangeObj(int f)。当 f=0 时,视为初次生成动作或玩家跳过当前动作;当 f=1 时,视为玩家完成当前动作。

```java
private void _ChangeObj(int f){                            //随机修改三维模型
    objsLength = objsLength - f;                           //每次完成,则减少1个
    if(f == 1){                                            //每次完成,将对应的 obj 设置为-1,即当作不存在
        objs[objNow] = -1;
    }
    objNow = new Random().nextInt(6);                      //随机数 0~5
    while (objs[objNow] == -1&&objsLength > 0){            //随机查找未完成的模型
        objNow = new Random().nextInt(6);
    }
    mObjectDisplay.init(mContext,objs[objNow]);            //生成模型
}
```

玩家每次完成一组动作时,分数累加 10 分并变更动作,计算分数:

```
@Override
public void onDrawFrame(GL10 unused) {              //绘制帧
    ...
    for (ARBody body : bodies) {   //分析人像数据,最多两人,bodies.size()永远为2
        if (body.getTrackingState() != ARTrackable.TrackingState.TRACKING) {
            continue;
        }
        if (body.getBodyAction() == objs[objNow] && timeFlag == 0) { //初次动作正确
                                                                      //记录时间戳
            timeFlag = System.currentTimeMillis();  //记录当前时间戳
        } else if ( body. getBodyAction() == objs[objNow] && (System.
currentTimeMillis() - timeFlag) / 1000 >= 3) {
            //动作坚持3s即算成功
            /*系统提示音,若是手机振动或静音则不发声*/
            ...
            /*振动,振动时间0.1s,振动强度(1~255)为10*/
            ...
            _ChangeObj(1);                  //完成一组动作,随机选择下一组模型
            score = score + 10;             //完成一组动作,总分加10分
            timeFlag = 0;                   //时间戳重置
        }
        if (body.getBodyAction() != objs[objNow]) {   //动作不同,时间戳重置为0
            timeFlag = 0;
        }
    }
    ...
}
```

每帧更新剩余时间与分数:

```
private void showWorldTypeTextView(final String text, final float positionX, final float
positionY) {                                            //UI 设置
    mActivity.runOnUiThread(new Runnable() {
        @Override
        public void run() {
            ...
            time = (int)(60 - (System.currentTimeMillis() - timeStart)/1000);
                                                        //计算剩余时间
            timeTextView.setText("时间: " + time + "S");  //UI 更新倒计时
            scoreTextView.setText("得分: " + score);      //UI 更新分数
        }
    });
}
```

至此 Demo 在游戏运行时的系统 UI 及逻辑部分已经完成,读者可在真机上进行测试。图 8.1(b)与图 8.1(c)为华为 P40 Pro 上运行 Demo 的游戏截图,可以看到在图 8.1(b)中,玩家正与动作进行匹配,而在图 8.1(c)中匹配已经完成,并且分数进行了叠加。

8.3 结算界面

新建一个用于显示玩家最终分数、输入玩家 ID 上传分数,并显示排行榜的结算界面。在 world 目录下新建一个名为 EndActivity 的 Empty Activity 并生成 Layout 文件。需要注意的是,由于版本冲突,在新建之前需要复制一份 App/build.gradle。新建完成之后尝试编译运行一次,若出现编译失败或闪退,则将复制的 build.gradle 替换为工程文件中的 App/build.gradle。

新建完成之后,需要在游戏结束时跳转至结算页面并传递一个参数用于表示分数,在 world/rendering/WorldRenderManager.java 中:

```java
private void showWorldTypeTextView(final String text, final float positionX, final float positionY) {
    mActivity.runOnUiThread(new Runnable() {
        @Override
        public void run() {
            ...
            time = (int)(60 - (System.currentTimeMillis() - timeStart)/1000);
                                                //计算剩余时间
            if(time == 0 || objsLength == 0) {  //60s 时间结束或者完成 6 组动
                                                //作,即为游戏结束
                score = score + time;           //剩余时间算上额外分数
                mSession.stop();                //结束 ARSession
                Intent intent = new Intent(mActivity, EndActivity.class);
                intent.putExtra("sc", String.valueOf(score));   //将分数作为参数,
                                                                //传至结算页面
                mContext.startActivity(intent); //转至结算页面
            }
            timeTextView.setText("时间: " + time + "S");    //UI 更新倒计时
```

```
            scoreTextView.setText("得分: " + score); //UI更新分数
        }
    }
)
;
}
```

8.3.1 结算界面 UI 部分

结算界面有两部分：输入 ID 上传分数至服务器，从服务器接收排名前十的玩家 ID、分数等信息并显示。上传部分需要显示玩家分数，并提供一个输入框用于玩家输入自己的 ID，最后单击按钮上传；显示排行榜部分则使用 ScrollView 和 RecyclerView 组件完成。

res/layout/acivityEnd.xml：

```xml
<RelativeLayout xmlns:android = "http://schemas.android.com/apk/res/android"
    xmlns:tools = "http://schemas.android.com/tools"
    android:layout_width = "match_parent"
    android:layout_height = "match_parent"
    tools:context = ".java.world.EndActivity">
    <!-- 显示得分 -->
    <TextView
        android:id = "@+id/title"
    ... />
    <!-- ID 输入框 -->
    <EditText
        android:id = "@+id/idInput"
    ... />
    <!-- 上传按钮 -->
    <Button
        android:id = "@+id/submit"
    .../>
    <!-- 排行榜标题 -->
    <TextView
        android:id = "@+id/tt"
        ...
        android:visibility = "gone" />
    <!-- 存储十条排名信息 -->
```

```xml
<ScrollView android:id = "@+id/scrollView"
    ...
    android:layout_below = "@+id/tt"
    android:visibility = "gone">
    <!-- 存储单条排名信息 -->
    <androidx.RecyclerView.widget.RecyclerView
        android:id = "@+id/ranks"
        ... />
</ScrollView>
</RelativeLayout>
```

acivityEnd.xml 的 UI 草图及最终呈现效果如图 8.2 所示。

图 8.2　acivityEnd.xml 的 UI 草图及最终呈现效果

使用 RecyclerView 需要新建 res/layout/rankItem.xml，用于显示每条排名。

```xml
<RelativeLayout xmlns:android = "http://schemas.android.com/apk/res/android"
    android:orientation = "vertical" android:layout_width = "match_parent"
    android:layout_height = "60dp"
    android:background = "#CCCCCC">
    <!-- 排名 -->
```

```xml
<TextView
    android:id = "@+id/_rank"
... />
<!-- 玩家 ID -->
<TextView
    android:id = "@+id/_id"
    android:layout_toRightOf = "@+id/_rank"
.../>
<!-- 分数 -->
<TextView
    android:id = "@+id/_scores"
    android:layout_toRightOf = "@+id/_id"
.../>
<!-- 上传时间 -->
<TextView
    android:id = "@+id/_time"
    android:layout_toRightOf = "@+id/_scores"
.../>
</RelativeLayout>
```

rankItem.xml 的 UI 草图及最终呈现效果如图 8.3 所示。

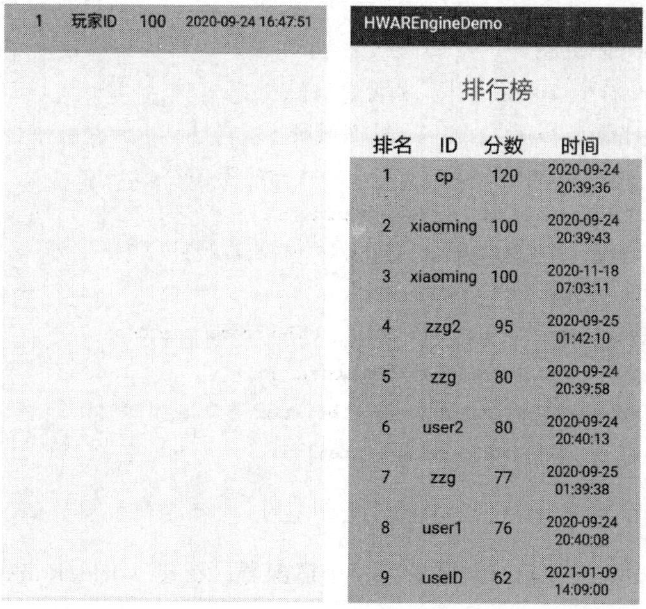

图 8.3 rankItem.xml 的 UI 草图及最终呈现效果

RecyclerView 组件需要在 App/build.gradle 中导入相关的包，在 dependencies{} 中：

```
dependencies{
    implementation fileTree(include: ['*.aar'], dir: 'libs')
    implementation 'androidx.appcompat:appcompat:1.2.0'
    implementation 'androidx.constraintlayout:constraintlayout:2.0.4'
    implementation 'de.javagl:obj:0.3.0'
    implementation 'com.huawei.hms:arenginesdk:2.15.0.1'
    implementation 'androidx.cardview:cardview:1.0.0'
    implementation 'androidx.RecyclerView:RecyclerView:1.1.0'
}
```

8.3.2 结算界面逻辑部分

由 3.3 节可知，从服务器返回的排名数据是 JSON 形式，需要一个 Bean 用于存储 ID、分数等信息。在 world 目录下，新建 Ranks.java：

```java
package com.huawei.arengine.demos.java.world;
public class Ranks {
    private String rank;        //排名
    private String id;          //玩家 id
    private String score;       //分数
    private String time;        //上传时间
    public void setRank(String rank) { this.rank = rank; }
    public String getRank() { return rank; }
    public void setId(String id) {this.id = id;}
    public String getId() {return id;}
    public void setScore(String score) { this.score = score;}
    public String getScore() { return score; }
    public void setTime(String time) {this.time = time;}
    public String getTime() {return time;}
}
```

RecyclerView 在使用时需要搭配一个适配器。新建 world/RanksAdapter.java，作为 RecyclerView 在 EndActivity 界面的适配器。

```java
public class RanksAdapter extends RecyclerView.Adapter<RanksAdapter.ViewHolder> {
    private List<Ranks> ranskList;
    Context mContext;
    static class ViewHolder extends RecyclerView.ViewHolder {
        TextView rank, id, score, time;
        View rankView;
        //内部类,绑定控件
        public ViewHolder(View view) {
            super(view);
            rankView = view;
            rank = view.findViewById(R.id._rank);
            id = view.findViewById(R.id._id);
            score = view.findViewById(R.id._scores);
            time = view.findViewById(R.id._time);
        }
    }
    public RanksAdapter(List<Ranks> List, Context activity){
        ranskList = List;
        mContext = activity;
    }
    //创建 ViewHolder,返回每一项的布局
    @Override
    public ViewHolder onCreateViewHolder(ViewGroup parent, int viewType){
        View view = LayoutInflater.from(parent.getContext()).inflate(R.layout.rankItem, parent, false);
        final ViewHolder holder = new ViewHolder(view);
        return holder;
    }
    //将数据和控件绑定
    @Override
    public void onBindViewHolder(ViewHolder holder, int position) {
        Ranks r = ranskList.get(position);
        holder.rank.setText(r.getRank());
        holder.id.setText(r.getId());
        holder.score.setText(r.getScore());
        holder.time.setText(r.getTime());
    }
    //返回 Item 总条数
    public int getItemCount(){
        return ranskList.size();
    }
}
```

结算界面显示玩家的分数,并提示玩家输入 ID 上传至服务器,之后显示排名前 10 的分数。world/EndActivity.java 中,接收传入的分数并关联组件:

```java
protected void onCreate(Bundle savedInstanceState) {
    super.onCreate(savedInstanceState);
    setContentView(R.layout.acivityEnd);
    /* 接收 WorldActivity 传入的分数 */
    Intent intent = getIntent();
    score = intent.getStringExtra("sc");
    /* 关联 UI 组件 */
    Btn = findViewById(R.id.submit);
    idInput = findViewById(R.id.idInput);
    ranks = findViewById(R.id.ranks);
    scv = findViewById(R.id.scrollView);
    table = findViewById(R.id.tt);
    Title = findViewById(R.id.title);
    /* 显示得分 */
    Title.setText("恭喜您\n您的得分为:" + score + "!");
}
```

设计单击事件,即上传分数:

```java
Btn.setOnClickListener(new View.OnClickListener() {
    @Override
    public void onClick(View v) {
        /* 用户输入的 ID 为空,提示用户重新输入 */
        if (idInput.getText().toString().equals(""))
            Toast.makeText(EndActivity.this, "请输入您的 ID", Toast.LENGTH_SHORT).show();
        else {
            /* 用户输入完成,隐藏软键盘 */
            InputMethodManager imm = (InputMethodManager)getSystemService(Context.INPUT_METHOD_SERVICE);
            imm.hideSoftInputFromWindow(idInput.getWindowToken(), 0);//隐藏软键盘
            /* 生成 url,传入 Submit_score(string url)中,上传 */
            String id = idInput.getText().toString();
            //url 前面部分替换成在 3.3 节中提及地址
            url = "http://172.16.13.62:8080/upload_score?name=" + id + "&score=" + score;
            Submit_score(url); //上传服务器
        }
    }
});
```

上传分数与 ID 至服务器，并接收传回的十条排行榜信息：

```
/* 以 GET 的方式传输分数及 ID 至服务器，并接收返回的 JSON */
JSONArray rank_json = new JSONArray(buffer.toString());
for (int i = 0; i < rank_json.length(); i++) {
    JSONObject object = rank_json.getJSONObject(i);
    String rank = String.valueOf((i + 1));           //排名
    String id = object.getJSONObject("fields").get("name").toString();//ID
    String score = object.getJSONObject("fields").get("score").toString();
                                                     //分数
    String time = object.getJSONObject("fields").get("time").toString().replace
("T", " ").substring(0, 19);
    Ranks r = new Ranks();
    r.setRank(rank);
    r.setId(id);
    r.setScore(score);
    r.setTime(time);
    rank_list.add(r);
}
```

显示排行榜：

```
Btn.setVisibility(View.GONE);
idInput.setVisibility(View.GONE);
scv.setVisibility(View.VISIBLE);
table.setVisibility(View.VISIBLE);
Title.setText("排行榜");
adapter = new RanksAdapter(rank_list, EndActivity.this);
ranks.setLayoutManager(new LinearLayoutManager(EndActivity.this));
ranks.setAdapter(adapter);
```

与服务器部分交互涉及网络与 HTTP 明文传输，故需在 main/AndroidManifest.xml 中添加相应的权限：

```
< manifest xmlns:android = "http://schemas.android.com/apk/res/android"
    ...
< uses - permission android:name = "android.permission.CAMERA" />
    < uses - permission android:name = "android.permission.VIBRATE" />
    < uses - permission android:name = "android.permission.INTERNET" />
    < application
```

```
            ...
            android:usesCleartextTraffic = "true">
            < activity
                android:name = ". java.world.EndActivity">
            </activity >
            ...
        </application >
    </manifest >
```

至此，Demo 的所有开发已经全部完成。读者需将测试机连入服务器的局域网，便可开始体验基于 HUAWEI AR Engine 开发的简单增强现实应用。如图 8.4 所示为该 Demo 在游戏过程中的各个阶段。图 8.4(a) 为游戏刚开始，模型刚加载完成。图 8.4(b) 为玩家完成最后一个动作，完成后便进入图 8.4(c) 输入用户 ID 的过程，输入完 ID 之后便上传并显示排行榜前十的选手，如图 8.4(d) 所示。

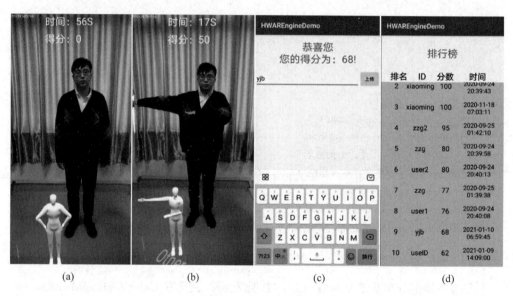

图 8.4 Demo 运行中的各个过程

小　　结

本章首先说明了本书案例 Demo 剩余的开发工作，并指导读者完成剩余的开发工作（UI 及逻辑）。本章需要大量有关的 Android 开发知识，包括 ScrollView、

RecyclerView 组合组件，读者需熟悉 Android 开发。本书案例 Demo 需要两位玩家在 60s 之内尽可能快、尽可能多地完成姿势匹配，获得尽可能高的分数上传至服务器，并与其他玩家进行排名比较。读者完成本章的集成工作后，Demo 便可以正式投入使用。

习 题

1. 梳理本书案例 Demo 的功能逻辑。
2. 学习示例程序，完成完整 Demo 的集成（或者变更逻辑，例如时间限制、分数计算方式），并与朋友体验游戏。
3. 根据示例程序及自己的开发知识，实现一个增强现实的拍照应用。

第 9 章　进 阶 篇

9.1　应用开发流程及上架

基于 HUAWEI AR Engine 开发第三方应用的开发流程如图 4.4(b) 所示：在开发前，开发者需要在华为开发者联盟网站上注册成为开发者并完成实名认证。注册完成后，开发者可在 AppGallery Connect 网站上创建项目和应用。创建完成后，开发者集成 AR Engine SDK，并完成开发。注册详情见 4.3 节。

开发者在完成第三方应用的开发后，在上架之前需要自检，自检完成后需要在 AppGallery Connect 中将应用信息补充完整并提交上架申请。

（1）登录 AppGallery Connect 网站，选择"我的应用"。

（2）在应用列表中单击待发布的应用名称，进入"应用信息"页面，如图 9.1 所示。

图 9.1　"应用信息"页面

(3) 配置兼容设备信息。在"兼容设备"下,选择应用可运行的设备类型,如手机、平板电脑、华为手表等。

(4) 配置可本地化基础信息。包括配置应用语言(当前系统支持汉语、英语、日语等 78 种语言)、填写应用信息和新版本特性、上传应用素材(包括应用图标、应用截图和视频)。

(5) 设置应用分类。选择最适合上架应用的分类,若选择的分类和华为应用市场管理规则不一致,工作人员可能会予以修改并通知。

(6) 配置开发者服务信息,如图 9.2 所示。

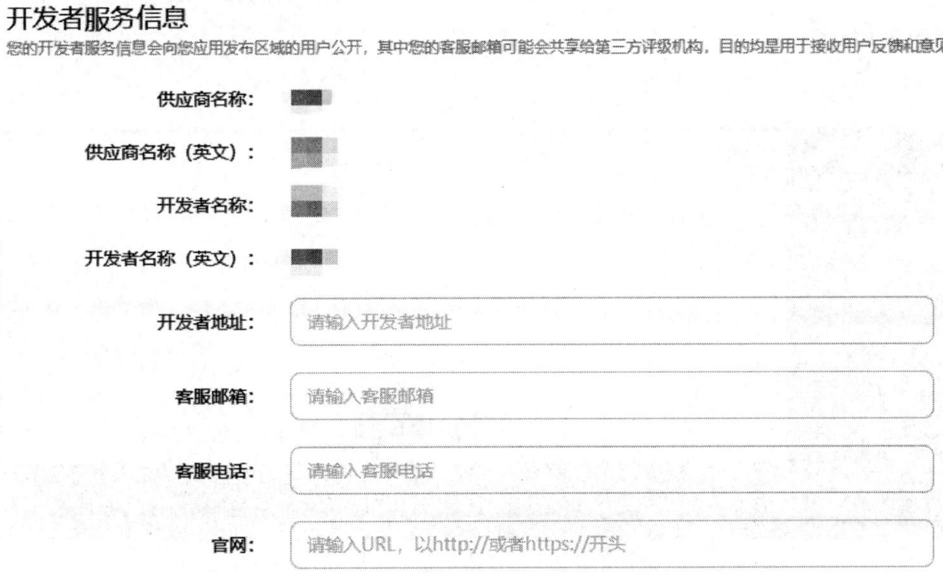

图 9.2 "开发者服务信息"配置页面

(7) 配置使用额外功能。如想在用户卸载应用时向其推荐开发者开发的快应用,可在"额外功能"下单击"卸载时推荐快应用","开启推荐"选择"是",然后选择开发者想推荐的已上架快应用即可,如图 9.3 所示。应用信息全部配置完成后,单击"保存"按钮。在对话框中单击"确定"按钮,进入"准备提交"页面,开始设置版本信息。

(8) 设置分发国家和地区。在"国家或地区"下单击"管理国家及地区",勾选分发的国家或地区。如勾选下方的"新国家或区域",华为应用市场会对未来新增的国家或区域自动提供该应用。

(9) 设置是否为开放式测试版本。若为开放式测试则选"是",具体配置请参见上

图 9.3　配置使用额外功能

架开放式测试版本。

（10）上传软件包、设置应用付费情况与内容分级。上传的软件包有大小限制，APK 在 4GB 以内，AAB 在 200MB 以内，RPK 在 10MB 以内，PRKS 在 20MB 以内。在界面右侧"软件版本"中单击"软件包管理"，上传应用软件包，如图 9.4 所示。应用付费情况即是否需要用户付费才能下载。内容分级则需要用户在满足年龄时才能下载使用该应用。

图 9.4　上传软件包

（11）申请绿色应用认证及填写应用隐私权限说明。选择申请绿色应用认证，华为将对应用进行兼容性、稳定性、功耗、性能、安全及隐私合规的检测，通过认证后，华为应用市场将会以特殊的绿色标识显示应用，并优先推荐和展示给用户。如应用软件包涉及获取敏感隐私权限，还需填写应用隐私权限说明。

（12）填写版权（见图 9.5）、版号信息（仅针对游戏类应用）。

（13）完善版本其他信息及设置应用上架时间（见图 9.6）。

（14）提交审核。提交成功后，在"状态"中可查看审核状态，如图 9.7 所示。华为应用市场将在 3～5 个工作日内完成审核。如果应用被驳回，将会发送邮件至联系人邮箱进行通知。审核规则参见华为应用市场审核指南。

图 9.5 填写版权信息

图 9.6 设置上架时间

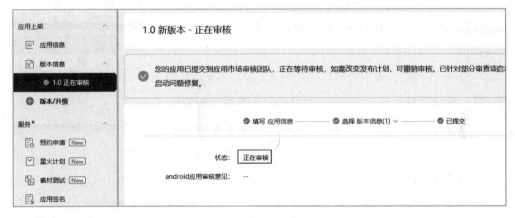

图 9.7 查看审核状态

9.2 华为 3D 内容设计开发流程

华为为终端打造了华为 3D 内容平台，致力于打造成为全领域素材聚合分发服务平台，快速连接素材与开发者，为开发者搭建一个素材交流的桥梁，从而构建华为

AR/VR/XR 等领域下的极致内容体验。AR/VR/XR 应用的开发上架会包含 3D 内容的设计开发。华为 3D 内容设计开发流程如图 9.8 所示。

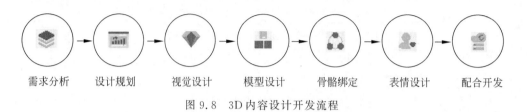

图 9.8　3D 内容设计开发流程

（1）需求分析。确定产品定位，分析用户需求，整合 MOJI 功能，构思使用应用场景，选择适合的动物进行设计创作。

（2）设计规划。明确需求之后，梳理具体设计内容，规划确定时间交付计划，合理安排人员分工。

（3）视觉设计。原画设计师根据需求绘制视觉设计稿，构建品牌风格与定位，输出概念设计图（上色三视图）交付给建模设计师。

（4）模型设计。模型师根据概念设计稿用 3D 软件制作数字化模型，可选择使用雕刻软件进行大型制作后用 3D 软件进行优化布线减面，从而适配所需交付标准或制作贴图。

（5）骨骼绑定。动画师根据模型师提供的 FBX 角色模型绘制蒙皮及绑定骨骼动画，用于控制模型面部表情变化，为后期动态表情制作提供支持。

（6）表情设计。参考表情制作规范制作模型表情，动画师参照 MOJI 表情定义表及命名规则制作模型的表情模组。定义模型表情位置姿势的表情变化，匹配应用使用场景下相机的人脸面部表情。

（7）配合开发。动画师需使用华为自研工具 Reality Studio 将含有表情信息的 FBX 模型格式转换为 rsdz 格式提供给华为内部测试开发人员，协调测试，评估效果，打磨细节，持续优化动画效果，最终完成模型交付。

9.3　XRKit

华为 XRKit 基于 AR Engine 为开发者提供场景化、组件化的极简 AR 解决方案。XRKit 包括 AR 展示场景组件与 AR 人脸场景组件，通过这些组件开发者可以快速接入华为 AR,实现虚拟世界与现实世界的融合。目前,XRKit 提供了两个大组件,分别是 AR 展示组件与 AR 人脸组件。

AR 展示组件集成了真实环境理解能力与模型渲染能力,其中,真实环境理解能力包括识别真实世界的平面与光照强度等。使用该组件,开发者可以轻松地将虚拟模型放置在真实环境中实现 AR 展示功能。如图 9.9(a)所示,识别到地面后,开发者可以将模型放置到地面进行展示。

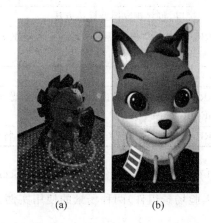

图 9.9　AR 展示组件下 Demo 效果图和 AR 人脸组件下 Demo 效果图

AR 人脸组件集成了人脸理解能力与模型渲染能力,其中,人脸理解能力包括人脸位置、姿态识别与人脸表情识别等。使用该组件,开发者可以轻松地实现人脸 AR 效果。如图 9.9(b)所示,仅需加载包含表情的人脸模型,即可以利用人脸真实表情驱动模型,实现模型的实时表情变化。

9.3.1　XRKit 的开发流程与特性依赖

XRKit 的开发流程与 AR Engine 的开发流程一致,详情见 4.3 节、9.1 节。XRKit 当前支持 glb、glft 和 rsdz 格式的模型文件。rsdz 格式的模型文件,需要使用 Reality Studio(见 9.4 节)制作。XRKit 也需要特定的机型才能支持。

9.3.2　XRKit 关键 API 总览

有关 XRKit 关键的类与 API 的信息见表 9.1。

表 9.1 XRKit 关键类与 API

类/接口	描述
IArFaceView	AR 人脸场景组件,提供实时的人脸相关模型呈现,包括表情驱动与人脸贴纸呈现
IArSceneView	AR 展示场景组件,提供 3D 场景的模型呈现、AR 场景真实环境识别与虚拟模型在真实环境的渲染
IFeatureEventListener	特性事件监听,用于 XRKit 服务端上报运行实时事件,包括模型加载成功、模型加载失败、模型与实景贴合等事件
IModel	模型接口,包含获取模型标签方法
IXrKitFeature	XRKit 特性组件管理接口,负责创建 XRKit 特性组件与注册特性事件监听
OnSurfaceReadyListener	surface 实例化监听接口
TakeScreenshotListener	IARFaceView 场景中获取组件位图的监听接口,有 onSuccess() 和 onFailure() 两个方法
XrKitFeatureFactory	XRKit 特性组件工厂类,用于创建 XRKit 特性组件实例

XRKit 的示例代码可在官网下载。示例代码包含 ArSceneView(AR 展示场景组件)和 ArFaceView(AR 人脸场景组件)两种场景的使用实例。

9.4 Reality Studio

华为 Reality Studio 是多功能 3D 编辑器,它提供了 3D 场景编辑、动画制作和事件交互等功能,帮助开发者快速打造 3D 可交互场景,可广泛用于教育培训、电商、娱乐等诸多行业的 XR 内容开发。

华为 Reality Studio 目前只支持对模型进行基本的编辑,建模需要使用专业的建模软件完成。华为 Reality Studio 的价值在于,不需要了解 3D 相关的知识就可以非常简单地开发 3D 互动场景。

9.4.1 下载安装 Reality Studio

华为 Reality Studio 的下载很简单,只需注册一个华为账号便可下载。

(1) 在官网下载 Reality Studio 工具包。

(2) 在 Windows 10 64 位操作系统的设备上,双击 Reality Studio 的 exe 安装包,

启动安装程序。

（3）单击"下一步"按钮，选择安装路径，如图9.10(a)所示，单击"安装"按钮。

（4）安装成功，如图9.10(b)所示。

图 9.10 安装华为 Reality Studio

9.4.2 使用指南

首次打开 Reality Studio 时界面如图 9.11 所示，在打开时应用会自动创建一个空场景。

（1）菜单栏，包括新建场景、导入、导出选中项、保存场景、场景另存为和场景预览。导入的模型支持 GLB、GLTF 2.0 及以上版本、OBJ。导出模型和保存的场景格式均为 GLB 格式。

（2）资源管理器，显示了场景中的所有内容，可以实现快捷操作。提供了搜索框和场景树方便开发者快速寻找控件或节点。

（3）显示视图，可以看到场景的所有内容，包括 3D 节点和 2D 空间，也可以轻松地调整模型的位置、旋转、缩放属性，是主要操作面板。开发者可以对模型进行旋转、缩放、平移等基本三维创作。

（4）命令面板，包括添加几何体、2D/3D、相机、灯光等空间，使用模型库功能，修改网格属性。几何体涵盖了正方体、长方体、圆、圆柱体、球体等常见的基本几何体。2D 控件中提供了按钮、文本框、图片、视频、文本面板、下拉框和 Tab 选项卡组件。3D 控件中提供了 3D 文字、3D 背景文字、3D 图片、序列帧图片组件。Reality Studio 也提

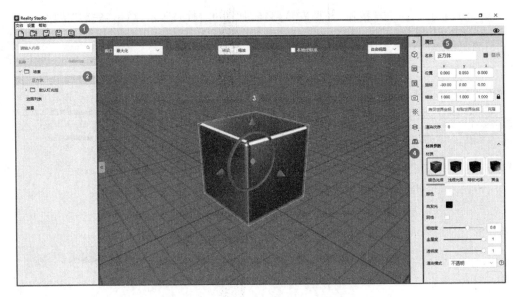

图 9.11　华为 Reality Studio 界面详情

供了透视相机，最多只能添加一个到场景中，用户进入预览界面会自动显示此相机的视角，在制作动画时可选择相机节点制作位移动画或旋转动画来调整视角，增加动画的美观度。系统提供的光源包括点光源、聚光灯、平行光三种光源，灯光可给场景和模型增加亮度和色彩。Reality Studio 提供的模型库内预置了多种模型，方便开发者快速创作。

（5）属性栏，显示某个选中的 3D 节点或者 2D 控件的属性栏，开发者可以编辑这些属性，并为 3D 节点和 2D 控件绑定事件。3D 节点分为两种，一种是组节点，一种是模型节点，它对应具体的模型部件。组节点的 3D 属性只有名称、位置、缩放、显隐、渲染次序；模型节点除了上述属性，还有材质、贴图相关参数。2D 控件的属性包含名称、位置等 UI 参数，还包括可以打开指定外部链接的外链以及可复制当前控件的克隆功能，3D 节点与 2D 控件均支持克隆。

Reality Studio 不仅可以创作三维模型，还可用来创作动画，详请见官网。Reality Studio 为非专业的建模开发者提供简单易用的三维建模平台，为 AR、VR、XR 的开发提供帮助。

9.5 进阶案例一：人像添加饰品

9.5.1 案例介绍

HUAWEI AR Engine 提供人体姿态识别功能，可识别和跟踪 23 个身体骨骼点的 2D 位置(或 15 个骨骼点的 3D 位置)，支持单人和双人。支持 2D 骨骼(屏幕坐标系)和 3D 骨骼(与 SLAM 结合的空间坐标系)的输出。通过人体骨骼识别能力，开发者可将虚拟物体叠加到人体的指定部位，如左肩、右脚踝等；利用人体骨骼，可驱动虚拟人偶做出更为丰富和精细的操控，这可给 AR 应用提供大范围的交互功能和难以置信的新奇玩法。

基于 HUAWEI AR Engine 的人体骨骼识别能力，可极大丰富场景中人像与虚拟物的交互，增强虚拟结合的可玩性。例如，为场景中的人像增加饰品、挂件。本进阶案例便是为场景中的人像添加一顶虚拟帽子，最终效果如图 9.12 所示。

图 9.12 案例效果图

本案例基于 HUAWEI AR Engine 提供的 World 示例 Demo 所开发，只是为虚拟帽子添加了简单的颜色，未涉及贴图渲染。读者可自行学习相关知识，为虚拟模型添加相应的贴图及材质。

9.5.2 关键 API

本案例涉及四个关键的 API：构造锚点 new ARPose(float[] translation,float[] rotation)和 createAnchor(ARPose pose)、获取场景中人体关节点的 3D 坐标数据 getSkeletonPoint3D()、获取当前坐标系的类型 getCoordinateSystemTypc()。

new ARPose(float[] translation,float[] rotation)：根据提供的平移向量、旋转向量构造 pose，参数分别为表示平移向量的三维数组和表示旋转向量的四维数组。

public ARAnchor createAnchor(ARPose pose)：使用 ARPose 创建一个锚点对象，该锚点将和当前的可跟踪对象绑定。在不支持的 ARTrackableBase 类型上调动该接口，则返回值为 NULL。即根据一个位姿信息创建一个锚点，将其与当前环境绑定。

public ARCoordinateSystemType getCoordinateSystemType()：获取坐标的空间类型，包括 COORDINATE_SYSTEM_TYPE_3D_SELF（表示相对坐标系,坐标系中心是人体中心，其他点是参考中心点的相对坐标）、COORDINATE_SYSTEM_TYPE_3D_CAMERA（表示以相机为原点的世界坐标系）。该接口 getSkeletonPoint3D()配合使用，当手机有 Tof（激光测距模块）时，返回的是 COORDINATE_SYSTEM_TYPE_3D_CAMERA；当手机没有 Tof 时，返回的是 COORDINATE_SYSTEM_TYPE_3D_SELF。本进阶案例使用的是华为 P40 Pro，带有 Tof，读者需特别注意。

public float[] getSkeletonPoint3D()：获取人体关节点的 3D 坐标数据，返回值的格式为[x0,y0,z0,x1,y1,z1,…]。该值在 getCoordinateSystemType()返回值的坐标空间类型下，应用需要根据坐标空间类型的不同，使用不同的矩阵进行运算。

（1）根据 getCoordinateSystemType()返回的值，COORDINATE_SYSTEM_TYPE_3D_CAMERA 坐标系下 body 的 3D 坐标是以相机为原点的世界坐标系，基于右手坐标系，Y＋向上，X＋向右；COORDINATE_SYSTEM_TYPE_3D_SELF 坐标系下 body 的 3D 坐标是以人体中心为原点的局部坐标系，基于右手坐标系，Y＋向下，X＋向右。

（2）使用同一帧对应的 ARCamera.getProjectionMatrix()获取投影矩阵，ARCamera.getViewMatrix()获取观察矩阵，可根据应用的实际需要，对坐标点进行运算。

(3) 假设 skeletonType(如图 9.13 所示)是 AR getBodySkeletonType() 的返回值,则(x0,y0,z0)是 skeletonType[0](头部)的对应坐标,以此类推。

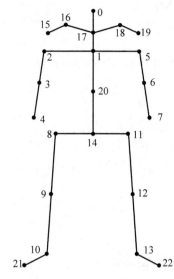

序号	关节	序号	关节	序号	关节	序号	关节
0	头	6	左肘	12	左膝	18	左眼
1	颈部	7	左手腕	13	左脚腕	19	左耳
2	右肩	8	右髋关节	14	髋关节中心点	20	脊柱
3	右肘	9	右膝	15	右耳	21	右脚趾
4	右手腕	10	右脚腕	16	右眼	22	左脚趾
5	左肩	11	左髋关节	17	鼻子		

图 9.13　ARBodySkeletonType() 返回的数组中的各节点名

9.5.3　核心代码

如果获得的人体关节点坐标系是以相机为原点的世界坐标系,就会方便生成锚点,需要将 ARConfigBase 改为 ARWorldBodyTrackingConfig,并打开深度信息:

```
mArSession = new ARSession(this);
//Config 选择 WorldBody,传回的 3D 关键点坐标为 CAMERA 坐标系
ARWorldBodyTrackingConfig config = new ARWorldBodyTrackingConfig(mArSession);
config.setEnableItem(ARConfigBase.ENABLE_DEPTH);    //打开深度信息
config.setFocusMode(ARConfigBase.FocusMode.AUTO_FOCUS);
config.setSemanticMode(ARWorldTrackingConfig.SEMANTIC_PLANE);
mArSession.configure(config);
mWorldRenderManager.setArSession(mArSession);
```

通过 getSkeletonPoint3D() 获取的人体关节点坐标在以相机为原点的世界坐标系下。然后通过 ARBody 的 createAnchor() 方法生成一个 ARAnchor,并使用 ARAnchor 作为虚拟模型的位置。

```
/*当坐标系为以相机为原点的世界坐标系.*/
if(body.getCoordinateSystemType() == ARCoordinateSystemType.COORDINATE_SYSTEM_TYPE
_3D_CAMERA){
    float[] sk = body.getSkeletonPoint3D();        //获取人体关键点的3D坐标
    float[] p = {-sk[2], sk[1] - 0.3f, sk[0]};     //sk[0]、sk[1]、sk[2]分别表示头部关
键点的三维坐标
    float angleZ = (float)(Math.atan((double)(sk3[0] - sk3[42])/(sk3[1] - sk3[43])));
                                                    //计算头部旋转
    float[] r = {angleZ, 0f, 0.1f, 1f};            //旋转,绕Z轴
    ARPose ap = new ARPose(p,r);                   //构造一个ARPose
    /*根据ARPose绑定一个ARAnchor,作为虚拟模型的位置信息,并生成一个虚拟模型*/
    mVirtualObjects.add(new VirtualObject(body.createAnchor(ap), Brown_COLORS));
}
```

9.6 进阶案例二：人像背景替换

9.6.1 案例介绍

HUAWEI AR Engine 提供了获取人体遮罩置信度的接口,可以判断当前场景中哪些部分属于人像,且支持单人或双人识别,可以用来实时地分割人像。人像可以作为前景从场景中分割出来,那么就可以将这部分前景与其他场景（图片）合成,做到人像背景的替换。

如图 9.14 所示,图 9.14(a)为通过手机摄像头获取的原图,图 9.14(b)为通过原图和人体 Mask 置信度分割出来的人像图,图 9.14(c)为将人像图与其他场景融合的合成图。当然,用户可以用任何背景来替换原背景。

9.6.2 关键 API

人像背景替换需要原图以及从原图中分割出的人像。故关键的 API 主要包含两个：获取原图 acquireCameraImage()、获取人体 Mask 置信度 getMaskConfidence()。

pubic Image acquireCameraImage()：在 camera 状态为 tracking 时,获取当前帧对应的图像,返回图像格式为 AIMAGE_FORMAT_YUV_420_888,只能在下一次

(a)   (b)   (c)

图 9.14   人像背景替换

ARSession.update()前使用。YUV 是一种颜色空间,是编译 true-color 颜色空间 (color space)的种类。Y 表示明亮度(Luminance、Luma),U 和 V 则是色度、浓度 (Chrominance、Chroma)。YUV_420_888 是一个常用于 Android Camera2 直播开发中的 Android 内部的 YUV 格式。YUV_420_888 可通过一定的转换方式转换为常用的 RGB 或者 RGBA。

public FloatBuffer getMaskConfidence():获取人体遮罩的置信度,在 ARSession 中设置启用了 MASK 选项的 config 时有效,如 config.setEnableItem (ARConfigBase.ENABLE_MASK)。一个人体遮罩的置信度意味着某个像素是否属于人体部位的概率。如果置信度高,则意味着这个像素属于人体部位的概率高。返回值是一个 direct FloatBuffer,size 即 ARCameraConfig.getTextureDimensions()的宽×高,排序行优先,每一位值取 0~1。即当前像素的置信度越接近 1,则表示该像素属于人像的概率越大。

9.6.3 核心代码

获取相机原图,并将 YUV420_888 转换为 RGBA 的 bitmap:

```
ARFrame arFrame = mSession.update();           //获得单帧信息
Image yuv = arFrame.acquireCameraImage();      //获得相机原图
/* YUV420_888 转换为 RGBA 的 bitmap */
ByteBuffer ib = ByteBuffer.allocate(yuv.getHeight() * yuv.getWidth() * 2);
ByteBuffer y = yuv.getPlanes()[0].getBuffer();
```

```
ByteBuffer cr = yuv.getPlanes()[1].getBuffer();
ByteBuffer cb = yuv.getPlanes()[2].getBuffer();
ib.put(y);
ib.put(cb);
ib.put(cr);
YuvImage yuvImage = new YuvImage(ib.array(),
ImageFormat.NV21,yuv.getWidth(),yuv.getHeight(),null);
ByteArrayOutputStream out = new ByteArrayOutputStream();
yuvImage.compressToJpeg(new Rect(0,0,
yuv.getWidth(),yuv.getHeight()),100,out);
byte[] imageBytes = out.toByteArray();
Bitmap imgBm = BitmapFactory.decodeByteArray(imageBytes,0,imageBytes.length);   //获得 RGBA 的原图
```

获得的原图大小为 640×480，获得的人体 mask 置信度为 1440×108，故原图的宽高各放大 2.25 倍：

```
/* 原图处理 */
Matrix matrix = new Matrix();
matrix.postScale(2.25f,2.25f);              //高和宽放大缩小的比例
imgBm = Bitmap.createBitmap(imgBm,0,0,imgBm.getWidth(),imgBm.getHeight(),matrix,true);
FloatBuffer fb = body.getMaskConfidence();   //获取 mask 置信度
Bitmap maskMan = Createmask(imgBm,fb);       //根据 mask 置信度与原图，抠出原图中的人像
```

根据 mask 置信度与原图，抠出原图中的人像。在原图的基础上，若当前像素的置信度小于 0.5 则默认为不属于人体，将其变为透明。

```
private Bitmap Createmask(Bitmap bitmap, FloatBuffer fb) {
    Bitmap mask = Bitmap.createBitmap(bitmap.getWidth(), bitmap.getHeight(), Bitmap.Config.ARGB_8888);
    Canvas cv = new Canvas(mask);
    cv.drawBitmap(bitmap, 0, 0, null);
    for(int row = 0; row < mask.getHeight(); row++){
        for(int col = 0; col < mask.getWidth(); col++){
            float m = fb.get(mask.getWidth() * row + col);
            if(m < 0.5){
                mask.setPixel(col,row,Color.argb(0,0,0,0));
            }
```

```
        }
    }
    return mask;
}
```

获得的原图与 mask 置信度均向左旋转 90°，故需要向右旋转 90°。

```
imgBm = adjustPhotoRotation(imgBm,90);        //旋转代码 API,需要读者自己写
maskMan = adjustPhotoRotation(maskMan,90);
```

将两张图片转换为 byte 数组，通过 POST 上传到服务器。

```
ByteArrayOutputStream stream = new ByteArrayOutputStream();
imgBm.compress(Bitmap.CompressFormat.PNG, 100, stream);
byte[] by = stream.toByteArray();
ByteArrayOutputStream stream1 = new ByteArrayOutputStream();
maskMan.compress(Bitmap.CompressFormat.PNG, 100, stream1);
byte[] by2 = stream1.toByteArray();
SendByPost(by,by2);       //上传
}
```

小　　结

本章为进阶篇，为读者提供了更多的专业资料及工具。首先扩展了本书 Demo，读者可自行为 Demo 添加不同的动作。然后介绍了华为应用的开发流程及上架过程，帮助读者熟悉上架流程，读者可尝试将开发的 Demo 申请上架。再次，介绍了华为 XRKit 及其关键 API、Reality Studio 及其使用指南。华为 XRKit 基于 AR Engine 为开发者提供场景化、组件化的极简 AR 解决方案。华为 Reality Studio 是多功能 3D 编辑器，它提供了 3D 场景编辑、动画制作和事件交互等功能，帮助开发者快速打造 3D 可交互场景。最后，介绍了其他一些基于 HUAWEI AR Engine 所开发的案例，增强读者对 HUAWEI AR Engine 的理解。

习 题

1. 完成3个Demo的扩展动作(TPose、APose及自定一个动作)。
2. 熟悉华为应用开发的流程,为开发的Demo申请上架。
3. 使用XRKit开发一个简单的展示虚拟模型的应用。
4. 使用Reality Studio制作一个动画。
5. 结合所学,设计并开发一个基于HUAWEI AR Engine的Android应用。

参 考 文 献

参考文献

附 录 A

1. HUAWEI AR Engine

[1] HUAWEI AR Engine 主页. https://developer.huawei.com/consumer/cn/hms/huawei-arengine/.

[2] AR Engine 示例代码. https://developer.huawei.com/consumer/cn/doc/HMSCore-Examples/sample-code-0000001050148898-V5/.

[3] HUAWEI AR Engined 的开发体验. https://developer.huawei.com/consumer/cn/codelab/HWAREngine/index.html/.

[4] HUAWEI AR Engine 开发文档. https://developer.huawei.com/consumer/cn/doc/HMSCore-References-V5/session-0000001050121459-V5/.

[5] 华为 AR/VR 论坛地址. https://developer.huawei.com/consumer/cn/forum/block/arvr.

[6] 华为开发者联盟网站. https://developer.huawei.com/consumer/cn/.

[7] AR CodeLab. https://developer.huawei.com/consumer/cn/codelab/HWAREngine/index.html.

[8] HUAWEI AR Engine 的特性软硬件依赖表. https://developer.huawei.com/consumer/cn/doc/development/HMSCore-Guides/features-0000001060501339/.

[9] 华为应用开发上架须知. https://developer.huawei.com/consumer/cn/doc/20300.

[10] 华为 AppGallery Connect 网站. https://developer.huawei.com/consumer/cn/service/josp/agc/index.html/.

[11] 发布应用指南. https://developer.huawei.com/consumer/cn/doc/distribution/app/agc-release_app/.

[12] 华为应用市场应用分类示例. https://developer.huawei.com/consumer/cn/doc/50103/.

[13] 上架开放式测试版本指南. https://developer.huawei.com/consumer/cn/doc/development/AppGallery-connect-Guides/agc-betatest-release/.

[14] 华为应用市场审核指南. https://developer.huawei.com/consumer/cn/doc/50104/.

[15] 华为 XRKit 介绍. https://developer.huawei.com/consumer/cn/doc/development/HMSCore-Guides-V5/xrkit-introduction-0000001064420890-V5/.

[16] XRKit 示例代码. https://developer.huawei.com/consumer/cn/doc/development/HMSCore-Examples-V5/xrkit-sample-code-0000001071825515-V5/.

[17] 华为 XRKit 的特性软硬件依赖表. https://developer.huawei.com/consumer/cn/doc/development/HMSCore-Guides/xrkit-features-0000001071810474.

[18] 华为 Reality Studio 与 3D 内容平台 Reality Studio 介绍. https://developer.huawei.com/consumer/cn/doc/development/Tools-Guides/overview-0000001050161530/.

[19] Reality Studio 使用说明. https://developer.huawei.com/consumer/cn/doc/development/Tools-Guides/gui-overview-0000001050162458/.

[20] 华为 3D 内容平台. https://developer.huawei.com/consumer/cn/doc/development/Vector-Guides/gaishu-0000001072322770/.

2. 服务器技术及 Python 集合

[21] Django. https://docs.djangoproject.com/zh-hans/2.0/.

[22] Python 官网. https://www.python.org/.

[23] Pycharm 官网. https://www.jetbrains.com/zh-cn/pycharm/promo/.

[24] PHP. https://www.php.net/manual/zh/index.php/.

[25] Flask. https://dormousehole.readthedocs.io/en/latest/.

[26] Socket. https://www.w3cschool.cn/socket/.

[27] Apache. http://httpd.apache.org/docs/2.4/zh-cn/.

[28] Tomcat. https://tool.oschina.net/apidocs/apidoc?api=tomcat-7.0-doc/.

3. Java 及 Android 文档集合

[29] Java 官网. https://www.oracle.com/cn/java/.

[30] Java 文档. https://www.matools.com/api/java8/.

[31] Android 官网. https://developer.android.google.cn/.

[32] Android 文档. https://developer.android.google.cn/docs/.

[33] Android Studio 官网. http://www.android-studio.org/.

[34] Eclipse 官网. https://www.eclipse.org/downloads/.

图书资源支持

感谢您一直以来对清华版图书的支持和爱护。为了配合本书的使用,本书提供配套的资源,有需求的读者请扫描下方的"书圈"微信公众号二维码,在图书专区下载,也可以拨打电话或发送电子邮件咨询。

如果您在使用本书的过程中遇到了什么问题,或者有相关图书出版计划,也请您发邮件告诉我们,以便我们更好地为您服务。

我们的联系方式:

地　　址: 北京市海淀区双清路学研大厦 A 座 714

邮　　编: 100084

电　　话: 010-83470236　010-83470237

客服邮箱: 2301891038@qq.com

QQ: 2301891038(请写明您的单位和姓名)

资源下载: 关注公众号"书圈"下载配套资源。

书 圈

获取最新书目

观看课程直播